机械制图及习题集

唐储建　编

重庆大学出版社

内 容 提 要

本书是根据国家教委 1998 年印发的"(非机类专业)'机械制图'课程教学的基本要求",并结合目前高职、高专(少学时)的实际教学而编写。可作为非机类高职、高专 50~70 学时制图课的教材。

全书内容包括:制图基本知识、投影作图、机械图、常用工程图、计算机绘图和习题集。

图书在版编目(CIP)数据

机械制图及习题集/唐储建编.—重庆:重庆大学出
版社,2004.12(2023.7 重印)
ISBN 978-7-5624-3275-3

Ⅰ.机… Ⅱ.唐… Ⅲ.①机械制图—高等学校—
教材②机械制图—高等学校—习题 Ⅳ.TH126

中国版本图书馆 CIP 数据核字(2009)第 116060 号

机械制图及习题集
唐储建 编

责任编辑:彭 宁 版式设计:彭 宁
责任校对:廖应碧 责任印制:张 策

*

重庆大学出版社出版发行
出版人:饶帮华
社址:重庆市沙坪坝区大学城西路 21 号
邮编:401331
电话:(023) 88617190 88617185(中小学)
传真:(023) 88617186 88617166
网址:http://www.cqup.com.cn
邮箱:fxk@cqup.com.cn(营销中心)
全国新华书店经销
重庆市国丰印务有限责任公司印刷

*

开本:787mm×1092mm 1/16 印张:19.625 字数:386 千
2005 年 8 月第 1 版 2023 年 7 月第 15 次印刷
印数:25 101—27 100
ISBN 978-7-5624-3275-3 定价:49.00 元

前 言

　　《机械制图》教材和习题集,是根据原国家教委 1998 年印发的"(非机类专业)《机械制图》课程教学的基本要求",并结合目前高职、高专(少学时)的实际教学而编写。可作为非机类高职、高专 50~70 学时制图课的教材。

　　全书共 5 章,内容包括:制图基本知识、投影作图、机械图、常用工程图、计算机绘图和习题集。

　　教材根据课程教学的基本要求选择内容,突出以"投影理论"为基本理论,以"投影作图"为重点,以培养学生能力为目标。全书简明扼要,重点突出,并在编写时注意了以下几点:

　　1. 书中采用新的《机械制图》、《技术制图》国家标准。

　　2. 以实用为度,对"画法几何"做了大量删减。

　　3. 将《机械制图》教学内容的重点及难点之一的"截切体",做了深入详细的分析、讲解,为培养学生的空间想像能力和空间分析能力打下良好的基础。

　　4. 为了满足不同专业使用教材和社会发展的需要,本书编写了"常用工程图"和"计算机绘图"。

　　习题集根据教学内容及要求编写,其重点是:制图基本技能练习,投影作图练习和读图练习。

　　教材和习题集由唐储建编写,梁兴元主审,图形处理熊真春。

　　书中的缺点和错误,请读者批评指正。

编　者

目录

绪论 …………………………………………………………………… 1

第1章 制图基本知识 ………………………………………… 2

1.1 《机械制图》国家标准 ………………………… 2

1.2 绘图工具、仪器及用品 ………………………… 8

1.3 几何作图 …………………………………………… 10

1.4 平面图形 …………………………………………… 14

1.5 徒手作图 …………………………………………… 16

第2章 投影作图 …………………………………………… 17

2.1 投影概述 …………………………………………… 17

2.2 点 直线 平面的投影 ……………………… 19

2.3 基本体 ……………………………………………… 29

2.4 轴测图 ……………………………………………… 38

2.5 截切体 ……………………………………………… 43

2.6 相贯线 ……………………………………………… 62

2.7 组合体 ……………………………………………… 66

2.8 图样画法 …………………………………………… 73

第3章 机械图 ……………………………………………… 85

3.1 标准件和常用件 ………………………………… 85

3.2 零件图 ……………………………………………… 101

3.3 装配图 ……………………………………………… 117

第4章 常用工程图 ………………………………………… 123

4.1 展开图 ……………………………………………… 123

4.2 焊接图 ……………………………………………… 127

4.3 房屋建筑图 ………………………………………… 130

第5章 计算机绘图基本知识 …………………………… 136

5.1 计算机绘图系统 ………………………………… 136

5.2 AutoCAD 2000 绘图基础 ………………………… 136

5.3 AutoCAD 2000 绘制零件图 ……………………… 142

附录 …………………………………………………………… 146

一、螺纹 ……………………………………………… 146

二、常用标准件 ……………………………………… 149

三、极限与配合 ……………………………………… 162

四、常用金属材料及热处理 ……………………… 167

1

习题集

1.1.1　图线练习 ……………………………… 171

1.2.1　尺寸标注 ……………………………… 172

1.3.1　等分圆周 ……………………………… 173

1.4.1　椭圆画法、斜度与锥度 ………………… 174

1.5.1　圆弧连接 ……………………………… 175

1.6.1　平面图 ………………………………… 176

2.1.1　点的投影 ……………………………… 178

2.1.2　直线的投影 …………………………… 179

2.1.3　平面的投影 …………………………… 180

2.2.1　基本体三视图 ………………………… 182

2.2.2　立体上的点和直线 …………………… 183

2.2.3　立体表面定点 ………………………… 184

2.3.1　轴测图 ………………………………… 186

2.4.1　画截切体视图及尺寸标注 …………… 188

2.4.2　补画截切体视图 ……………………… 190

2.4.3　在视图中补画缺漏的图线 …………… 193

2.5.1　相贯线 ………………………………… 194

2.6.1　在视图中补画缺漏的图线 …………… 196

2.6.2　画组合体三视图及尺寸标注 ………… 197

2.6.3　补画组合体的第三视图 ……………… 201

2.7.1　视图 …………………………………… 204

2.7.2　剖视图 ………………………………… 206

2.7.3　断面图 ………………………………… 215

3.1.1　螺纹 …………………………………… 216

3.1.2　齿轮 …………………………………… 219

3.1.3　键与销 ………………………………… 220

3.2.1　零件的技术要求 ……………………… 221

3.3.1　读零件图 ……………………………… 224

3.4.1　读装配图 ……………………………… 232

4.1.1　展开图 ………………………………… 235

4.2.1　焊接图 ………………………………… 237

4.3.1　建筑图 ………………………………… 238

主要参考文献 …………………………………… 239

绪　论

根据投影原理、标准或有关规定表达工程对象,并有必要的技术说明的图称为图样。

在现代工业生产中,一切工程建筑、机器设备和仪器等的设计,都是用图样来表达,并根据图样进行施工、制造和维修。图样是工业生产中重要的技术文件,是工程人员表达和交流思想的工具,因此,人们称图样为"工程语言"。

本课程是非机类专业培养工程技术应用型人才的一门技术基础课,是研究绘制和识读机械图样的基本原理和方法的一门课程,为培养学生的绘图技能、空间想像能力和空间分析能力打下必要的基础。学习本课程后应达到以下基本要求:

1. 掌握正投影法的基本原理及其应用。

2. 掌握制图国家标准及其他的有关规定。

3. 掌握图样画法和机械图的有关规定,能识读一般零件图和简单装配图,能绘制简单零件图,并能查阅相关的技术标准。

4. 掌握计算机绘图的基本知识,能用计算机绘制简单零件图。

5. 加强工程技术基本素质教育,培养认真细致的工作态度和一丝不苟的工作作风。

《机械制图》是一门实践性较强的课程,在学习中,培养和建立"标准"意识,是工程技术人员必须的基本素质之一。

投影作图是《机械制图》的重点内容,学习时,应在掌握投影理论和作图方法的基础上,认真、细致地完成各项练习和作业,通过一定数量的作业实践,达到本课程的学习要求。

养成正确使用绘图工具和仪器的习惯,才能绘制出符合国标的高质量的图样。

计算机是目前生产、科研等在设计和绘图时使用的先进工具。在学习中,加强上机实践作业,掌握计算机绘图的基本知识,适应社会发展的需要。

第 **1** 章
制图基本知识

学习机械制图课程,首先应掌握机械制图国家标准,绘图工具、仪器和用品的使用方法以及几何作图等基本知识,并通过作业实践形成初步的技能,为进一步学习本课程打下基础。

1.1 《机械制图》国家标准

机械图样是设计、制造、使用和维修机械设备的重要技术文件,是工程界的"技术语言"。所以机械制图国家标准对机械图样的画法、图线、尺寸标注和字体的书写都做了统一规定。每个从事工程技术的人都必须建立标准意识并遵守国家标准。

本节介绍机械制图和技术制图国家标准中有关图纸幅面及格式、比例、字体、图线和尺寸注法的基本规定。

1.1.1 图纸幅面及格式(GB/T 14689—1993)

为了便于图样的管理和使用,国家标准对图纸幅面大小、图框格式及标题栏的方位等做了统一规定。绘图时应优先采用表 1.1 中规定的图纸幅面尺寸。

表 1.1 图纸幅面尺寸

幅面尺寸	A0	A1	A2	A3	A4
$B \times L$	841×1189	594×841	420×594	297×420	210×297
a	25				
c	10			5	
e	20		10		

在各种图纸的幅面中,以 A0 为全张,自 A1 开始依次是前一种幅面大小的一半,如图 1.1(c)。图幅格式如图 1.1(a)、(b),根据绘图需要,图纸可以横放或竖放,图纸的边框线用粗实线绘制。

图框的右下角绘制标题栏,标题栏中的文字方向为看图方向。标题栏的格式和内容应符

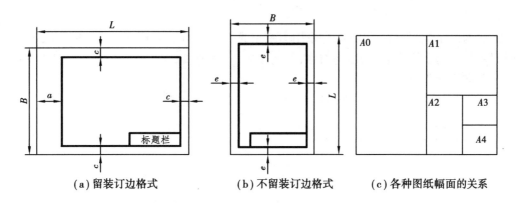

（a）留装订边格式　　　（b）不留装订边格式　　　（c）各种图纸幅面的关系

图 1.1　图纸格式

合国家标准规定。制图作业用的标题栏建议采用图 1.2 的格式。

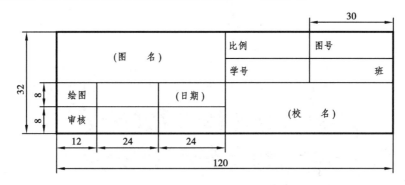

图 1.2　标题栏格式

1.1.2　比例（GB/T 14690—1993）

图样中机件要素的线性尺寸与实际机件相应要素的线性尺寸之比,称为比例。

绘图时,应尽可能按机件的实际大小画出,即 1∶1 的比例,这样可从图上直接看出机件的真实大小。根据机件的大小及形状复杂程度的不同,也可采用放大或缩小的比例。无论采用何种比例,图中所注尺寸数字均应是物体的真实大小与比例无关。

表 1.2　绘图的比例

原值比例	1∶1				
放大比例	5∶1	2∶1	$5 \times 10^n∶1$	$2 \times 10^n∶1$	$1 \times 10^n∶1$
缩小比例	1∶2	1∶5	1∶10	$1∶2 \times 10^n$	$1∶5 \times 10^n$ $1∶1 \times 10^n$

1.1.3　字体（GB/T 14691—1993）

图中书写的字体必须做到:字体工整、笔画清楚、间隔均匀、排列整齐。

字体的号数,即字体的高度 h（单位:mm）,按公称尺寸系列 1.8,2.5,3.5,5,7,10,14,20 选取（汉字的高度 h 不应小于 3.5 mm）。字体的宽度约等于字体高度的 $h/\sqrt{2}$。

1. 汉字

图中的汉字应写成长仿宋体,并采用国家正式公布推行的简化字。长仿宋体汉字的书写要领是:横平竖直,注意起落,结构匀称,填满方格。

2. 数字及字母

数字及字母的字体一般采用斜体字,书写时字头向右倾斜,与水平基准线成75°。

3. 字体示例

汉字、数字和字母的示例见表1.3。

表 1.3　字体

字体		示　　例
长仿宋体汉字	10号	字体工整、笔画清楚、间隔均匀、排列整齐
	7号	横平竖直 注意起落 结构均匀 填满方格
	5号	技术制图石油化工机械电子汽车航空船舶土木建筑矿山井坑港口纺织焊接设备工艺
	3.5号	螺纹齿轮端子接线飞行指导驾驶舱位挖填施工引水通风闸阀坝棉麻化纤
拉丁字母	大写斜体	ABCDEFGHIJKLMNOPQRSTUVWXYZ
	小写斜体	abcdefghijklmnopqrstuvwxyz
阿拉伯数字	斜体	1234567890
	正体	1234567890
罗马数字	斜体	I II III IV V VI VII VIII IX X
	正体	I II III IV V VI VII VIII IX X

1.1.4　图线(GB/T 17450—1998 及 GB/T 4457.4—1984)

表 1.4　常用图线

图线名称	图线型式	宽度	应用及说明
粗实线	——————	$d = 0.5 \sim 2$	可见轮廓线
细实线	——————		尺寸线、尺寸界线、剖面线
虚　线	— — — — —		不可见轮廓线
波浪线	∿∿∿	约 $d/2$	断裂处的边界线
点画线	— · — · — · —		中心线、对称轴线
双点画线	— ·· — ·· —		假想投影轮廓线

绘制图样时应采用表1.4中规定的图线。图线分为粗、细两种。粗线的宽度 d 应按图样的大小和复杂程度在 0.5 ~ 2 mm 之间选取,细线的宽度约为 $d/2$。

图线的应用及画法,如图1.3。

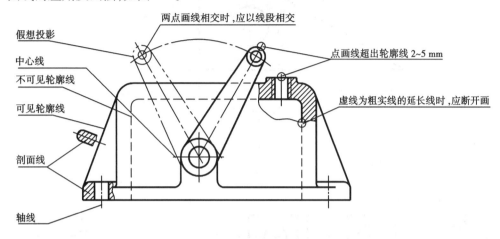

图 1.3 图线的应用及画法

1. 图样中的同类图线宽度及深浅应基本一致。虚线、点画线及双点画线的线段长度和间隔应各自大致相等。

2. 虚线若为粗实线或其他图线的延长线时,应在连接处留有间隙。当虚线与其他图线相交时,相交处不应有间隙。

3. 点画线和双点画线中的点是短画(约 1 mm),不是圆点;两种线型的首末两端应是线段而不是短画。绘制圆的中心线时,圆心应是点画线线段的交点,而且两端应超出圆弧 2 ~ 5 mm。在较小图形上绘制点画线或双点画线有困难时,可用细实线代替。

1.1.5 尺寸注法(GB4458.4—1984 及 GB/T 16675.2—1996)

1. 基本规则

(1)机件的真实大小应以图样中所注的尺寸数值为依据,与图形的大小及绘图的准确度无关。

(2)图样中的尺寸以毫米为单位时,不需标注计量单位的代号或名称,如采用其他单位则必须注明相应计量单位的代号或名称。

(3)机件的每一尺寸,一般只标注一次,并应标注在反映该结构最清晰的图形上。

2. 尺寸的四要素

一个完整的尺寸是由尺寸界线、尺寸线、尺寸线终端和尺寸数字四部分组成(如图1.4)。

(1)尺寸界线

尺寸界线用细实线绘制,并应从图形的轮廓线、轴线或对称中心线处引出,也可用轮廓线、轴线或中心线作尺寸界线。所绘尺寸界线一般应超出尺寸线 2 ~ 5 mm(如图1.5(a))。

(2)尺寸线

标注线性尺寸时,尺寸线必须与所注的线段平行。尺寸线用细实线绘制。不得用其他图线代替尺寸线,也不得与其他图线重合或画在其延长线上(如图1.5)。

标注线性尺寸时,尺寸界线一般应与尺寸线垂直,必要时才允许倾斜(图1.6),同时尺寸

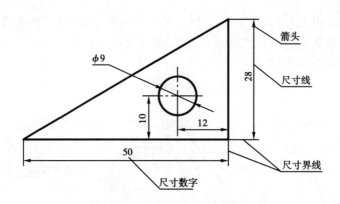

图1.4　尺寸四要素及注法

界线一般应避免与尺寸线相交(图1.5(b))。

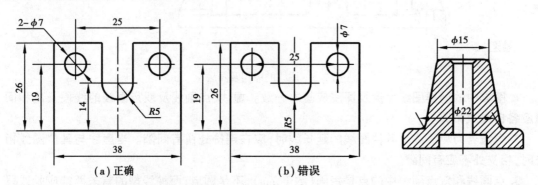

(a)正确　　　　　　(b)错误

图1.5　尺寸线与尺寸界线的画法　　图1.6　尺寸线与尺寸界线倾斜

(3)尺寸线终端有两种形式

①箭头

箭头的画法如图1.7(a),箭头适用于各种类型的图样。

②斜线

斜线用细实线绘制,其方向和画法如图1.7(b)。当采用斜线形式时,尺寸线与尺寸界线必须互相垂直。同一张图样中,只能采用一种尺寸线终端形式,在机械图样中主要采用箭头。

(4)尺寸数字

(a)箭头　　　　　　　　　　(b)斜线

图1.7　尺寸终端

线性尺寸的数字一般应注写在尺寸线的上方,也允许注写在尺寸线的中断处(图1.8 (a))。尺寸数字不允许任何图线穿过,当无法避免时必须断开图线,如图1.8(b)、(c)所示。

3.常见尺寸的注法

常见尺寸注法见表1.5。

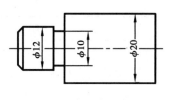

（a）断开点画线

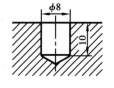

（b）断开剖面线

（c）断开粗实线

图 1.8　断开图线注写尺寸数字

表 1.5　常见尺寸注法示例

尺寸类别	图　例	说　明
线性尺寸数字注写方向	（a）　　　（b）	1. 尺寸数字一般注写在尺寸线的上方。水平尺寸字头朝上，垂直尺寸字头朝左，倾斜尺寸的字头有朝上的趋势 2. 尽量避免在图（a）所示 30°范围内标尺寸，当无法避免时，允许按图（b）的形式标注
圆和圆弧	（a）　　（b）	1. 圆——尺寸线通过圆心，在尺寸数字前加注符号"ϕ" 2. 圆弧——尺寸线从圆心画起，在数字前加注符号"R"，如图（a） 3. 当圆弧半径过大时，圆心位于图形之外较远处，半径的注法如图（b）
小尺寸		1. 当位置不够标注尺寸数字或箭头时，可按图例中形式标注 2. 几个小尺寸连续标注时，可用圆点代替两个连续尺寸间的箭头

续表

尺寸类别	图　　　　例	说　　　明
球面尺寸	$S\phi 16$　　$SR10$　　$SR8$	标注圆球的直径或半径时,应在"ϕ"或"R"前加注符号"S"
角度	90°　65°　20°　5°　60°	尺寸线是以角顶为中心的圆弧,角度数字一律水平正写

1.2　绘图工具、仪器及用品

正确使用绘图工具,对提高绘图速度,保证图面质量是非常重要的。

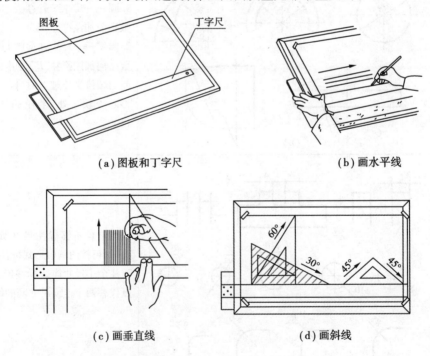

（a）图板和丁字尺　　　　　　　　　（b）画水平线

（c）画垂直线　　　　　　　　　　（d）画斜线

图 1.9　图板、丁字尺和三角板的使用方法

1.2.1　图板、丁字尺和三角板

图板的工作面要求光滑平整,图板的左边为工作导边。一般用胶带纸将图纸固定在图板上。

丁字尺由尺头和尺身组成,绘图时,左手握尺头,使其紧靠导边上下移动如图 1.9(b)所示。

使用丁字尺、三角板配合可画垂直线和各种 15°倍数角的斜线如图 1.9(d)所示。

1.2.2　绘图仪器

1. 分规

分规用来等分线段和圆周,量取线段的长度(图 1.10)。

①量取尺寸　②等分线段

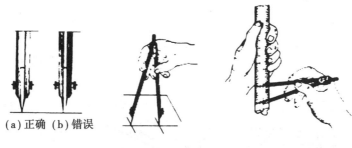

(a)正确 (b)错误

图 1.10　分规的用法

2. 圆规

圆规用来画圆和圆弧。其附件有铅芯插腿、针尖插腿、鸭嘴插腿和延长杆。圆规固定腿上装有定心针,定心针带有台阶的一端画圆时用,另一端锥形针尖当分规用。圆规画圆时,定心针和插腿均应垂直于纸面,操作方法见图 1.11。

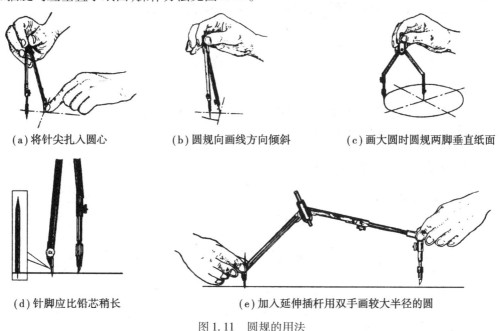

(a)将针尖扎入圆心　　　(b)圆规向画线方向倾斜　　　(c)画大圆时圆规两脚垂直纸面

(d)针脚应比铅芯稍长　　　(e)加入延伸插杆用双手画较大半径的圆

图 1.11　圆规的用法

1.2.3　绘图用品

1. 绘图纸

绘图纸要求质细、平整。绘图时应分清正、反面,并用正面画图。

2. 绘图铅笔

常用绘图铅笔的型号及用途：

（1）H、HB——用于画底图、画细实线和书写文字。

（2）B、2B——用于画粗实线。

绘图铅笔的铅芯应在砂纸上磨削成表1.6的形式。B（或2B）铅芯磨削成扁平状，窄边厚度 d 为 0.5 ~ 2 mm（粗实线宽度），其他型号的铅芯磨削成锥形。

表1.6　铅笔及铅芯的选用

用途	铅　笔			圆规用铅芯	
	画细线	写　字	画粗线	画细线	画粗线
软硬程度	H 或 2H	HB	HB 或 B	H 或 HB	B 或 2B
削磨形状	锥　形		铲　形	楔　形	截面为矩形的四棱柱

其他常用的绘图用品有胶带纸、擦图片、小刀、砂纸、绘图橡皮等。

1.3　几何作图

本节介绍圆周等分、斜度和锥度的画法、连接和平面图形的画法等几何作图方法。这些都是绘图所必须掌握的基本知识和技能。

1.3.1　等分圆周和正多边形

1. 三、六等分圆周

已知圆的直径，作圆的三、六等分（图1.12）。

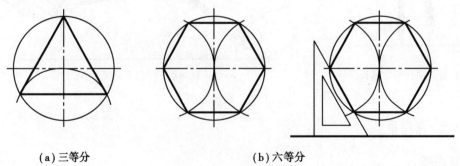

（a）三等分　　　　　　　　　　（b）六等分

图1.12　三、六等分圆周

2. 作五等分圆周及正五边形(图 1.13)

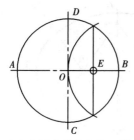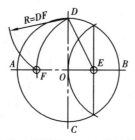

(a)在圆内作 *BO* 的二等
分,求得中点 *E*

(b)以 *E* 为圆心,*ED* 为半径画
弧交 *AO* 于 *F*,*DF* 即是圆
内接正五边形的弦长

(c)用弦长 *DF* 五等分
圆周,将等分点连
线即得正五边形

图 1.13　作五等分圆周及正五边形

1.3.2　斜度与锥度

1. 斜度

斜度是指一直线对另一直线的倾斜度。斜度 = H/L,在图样上用斜度符号"∠"和 $1：n$ 的形式标注,如图 1.14 所示。

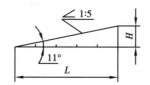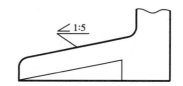

图 1.14　斜度的表示和画法

2. 锥度

锥度是指圆锥体底圆直径与高度之比,对于圆台是指两底圆的直径差与圆台的高度之比,在图样上用锥度符号"◁"和 $1：n$ 的形式标注如图 1.15 所示。

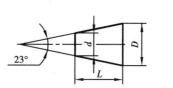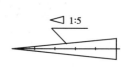

图 1.15　锥度的表示和画法

1.3.3　椭圆的近似画法(四心法)

已知椭圆的长轴 *AB* 和短轴 *CD*,用四心法画近似椭圆,如图 1.16 所示。

1.3.4　连接

用已知半径 *R* 作直线 *L* 和圆弧 *O* 的连接,如图 1.17。

分析已知条件,我们提出两个问题:一是用半径 *R* 作直线 *L* 的连接;二是用半径 *R* 作圆弧 *O* 的连接。即圆弧连接直线和圆弧连接圆弧。下面分别介绍连接的作图原理及方法:

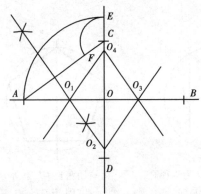

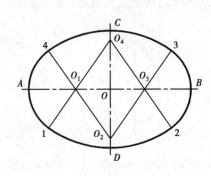

（a）在短轴 CD 上取 OA = OE，连接 AC，取 CF = CE。作 AF 的中垂线与长、短轴交于 O₁、O₂，再作对称点 O₃、O₄

（b）分别以 O₁、O₂、O₃、O₄ 为圆心再以 O₁A 和 O₂C 为半径画四段圆弧接点分别为 1、2、3、4

图 1.16 四心法画椭圆

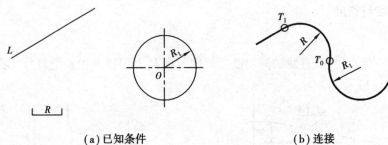

（a）已知条件 （b）连接

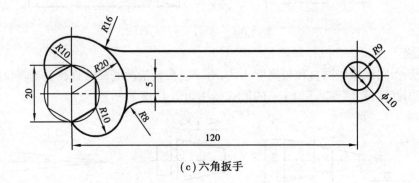

（c）六角扳手

图 1.17 连接

（1）圆弧连接直线（图 1.18）

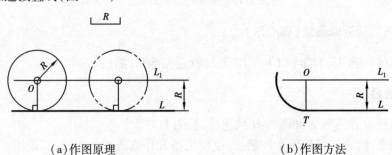

（a）作图原理 （b）作图方法

图 1.18 圆弧连接直线

表 1.7 常见圆弧连接形式及作图方法

连接形式		已知条件及作图要求	作图方法及步骤	
			确定圆心及切点	画连接弧
用圆弧连接二直线		用已知半径 R 作直线 L_1,L_2 的连接	1. 分别作 L_1,L_2 的平行线，使它们和原线的距离为 R，交点 O 即为连接圆心。2. 以 O 点分别向 L_1,L_2 作垂线，垂足即是切点 T_1,T_2	以 O 为圆心，由 T_1 至 T_2 画弧
用圆弧连接二已知圆弧	外连接	用已知半径 R 作圆 O_1,O_2 的外连接	1. 分别以 O_1,O_2 为圆心，以 $R+R_1$，$R+R_2$ 为半径画弧，交点 O 即为圆心。2. 连接 OO_1,OO_2 与二已知圆弧的交点 T_1,T_2 即为切点	以 O 为圆心，R 为半径，由 T_1 至 T_2 画弧
	内连接	用已知半径 R 作圆 O_1,O_2 的内连接	1. 分别以 O_1,O_2 为圆心，以 $R-R_1$，$R-R_2$ 为半径画弧，交点 O 即为圆心。2. 连接 OO_1,OO_2 分别延长与已知圆弧的交点 T_1，T_2 即为切点	以 O 为圆心，R 为半径，由 T_1 至 T_2 画弧
	连接	用已知半径 R 作圆弧 O_1 的外连接及圆弧 O_2 的内连接	1. 以 O_1,O_2 为圆心，以 $R+R_1$，$R-R_2$ 为半径画弧，交点 O 即是圆心。2. 连接 OO_1 和 OO_2 并延长，分别与已知圆弧 O_1，O_2 的交点 T_1,T_2 即为切点	以 O 为圆心，R 为半径，由 T_1 至 T_2 画弧

13

（2）圆弧连接圆弧如图 1.19 所示。

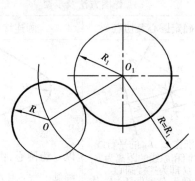

（a）外切　　　　　　　　　　　（b）内切

图 1.19　圆弧连接圆弧

（3）常见圆弧连接形式及作图方法见表 1.7。

（4）用已知半径 R 作直线 L 和圆弧 O 的外连接。

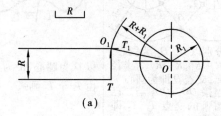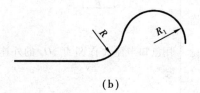

（a）　　　　　　　　　　　　　　（b）

图 1.20　混合连接

1.4　平面图形

平面图形是由各种线段和尺寸组成。线段的长短和线段的位置关系是由图中的尺寸确定。画图时，首先分析图中的尺寸和线段，确定作图的方法和步骤后，再动手画图（图 1.21 的手柄平面图）。

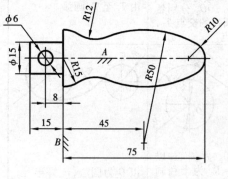

图 1.21　手柄

1.4.1　尺寸分析

（1）尺寸基准——标注尺寸的起始点，称为尺寸基准。由于平面图形有水平和垂直两个方向的尺寸基准，以图形中的对称线、轴线、较大圆的中心线、较长直线作为尺寸基准。图 1.21 的对称线 A 为垂直方向的尺寸基准，直线 B 为水平方向的尺寸基准。

（2）平面图形的两种尺寸：

①定形尺寸——确定图形中直线的长度、圆的直径、圆弧的半径及角度大小的尺寸等。如图 1.21 中的 $R15$、$R12$、$R50$、$R10$ 等。

②定位尺寸——确定图形中线段之间相对位置关系的尺寸，如确定圆或圆弧的圆心位置、

直线段位置的尺寸等。如图 1.21 的尺寸 8、45、75 等。

1.4.2 线段分析

图形中的线段,按所给尺寸的多少可分为:已知线段、中间线段和连接线段三种。以下仅讨论图 1.21 中的圆弧线段。

(1)已知圆弧——已知半径和圆心的两个定位尺寸的圆弧。如图 1.21 的 R10、R15,根据图形中所给尺寸直接画出。

(2)中间线段——已知半径和圆心的一个定位尺寸的圆弧。如图 1.21 的 R50,由一个定位尺寸和连接作图的方法确定圆心的位置后,才能画出。

(3)连接圆弧——只有已知半径,无圆心定位尺寸的圆弧。如图 1.21 的 R12,必须要与该圆弧两端连接的线段画出后,通过连接作图的方法确定圆心的位置,才能画出连接圆弧。

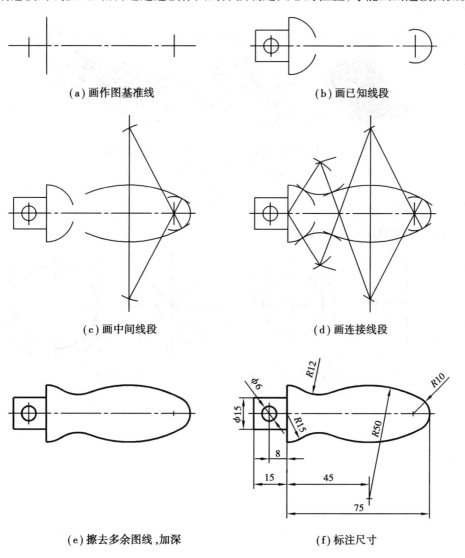

(a)画作图基准线　　　　　　　　(b)画已知线段

(c)画中间线段　　　　　　　　(d)画连接线段

(e)擦去多余图线,加深　　　　　　(f)标注尺寸

图 1.22　手柄平面图形的作图步骤

1.4.3 平面图形的作图步骤

对手柄的平面图形进行了尺寸、线段分析后,可确定作图步骤如图1.22。

1.5 徒 手 作 图

工程技术人员在设计构思、现场测绘或表达、交流设计意图时,一般不采用绘图工具和仪器画图,而都是用徒手画图(草图)来完成。所以工程技术人员不仅能用工具、仪器绘图,而且也应具备徒手画草图的能力。下面介绍徒手画直线和圆弧的基本方法。

1.5.1 画直线

徒手画各种直线的运笔手法如图1.23,画直线时,握笔姿势要放松,运笔要自然。

(a)画水平线和垂线　　　　　　(b)画斜线

图1.23 徒手画直线

1.5.2 画圆

徒手画大小圆的方法如图1.24。

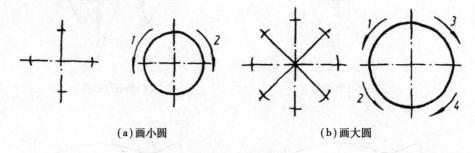

(a)画小圆　　　　　　(b)画大圆

图1.24 徒手画圆

第**2**章

投 影 作 图

投影理论是机械制图的基本理论。投影作图是根据投影理论研究空间立体与视图的内在联系和规律。学习掌握投影作图的基本原理和方法是学好本课程的关键。本章重点讲解投影基础知识;点、直线、平面的投影;立体的画图、读图及尺寸标注。

2.1 投 影 概 述

2.1.1 投影概念

如图 2.1 所示,当点光源 S 发出的光线照射 $\triangle ABC$ 时,在设定的平面 H 上所产生的图形 $\triangle abc$,称为物体 $\triangle ABC$ 在平面 H 上的投影。投向 H 面上的光线称为投影线,平面 H 称为投影面。这种在投影面上获得物体投影的方法——称为投影法。

2.1.2 投影法

1. 中心投影法

如图 2.1 所示,投影线汇交于一点的投影法,称为中心投影法。

2. 平行投影法

若将图 2.1 中的点光源 S 相对于投影面 H 移至无穷远时,则投影线相互平行(如图 2.2),这种投影法称为平行投影法。平行投影法分为以下两种:

(1)斜投影法

如图 2.2(a)所示,一组平行的投影线与投影面倾斜,用这种方法获得的投影称为斜投影法。

(2)正投影法

如图 2.2(b),当一组平行的投影线垂直于投影面时,用这种方法获得的投影就是正投影法。用正投影法得到的投影称为"正投影"。本书中未加说明的"投影"都是指"正投影"。

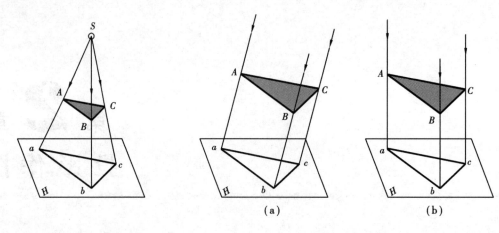

图 2.1　中心投影法　　　　　　　　　　图 2.2　平行投影法

2.1.3　正投影的基本特性

1. 真实性

当物体上的直线或平面平行于投影面时,其投影反映直线的实长或平面的实形(图 2.3),这种投影特性称为"真实性"。

2. 积聚性

当物体上的直线、平面或曲面垂直于投影面时,其投影积聚为一点、平面或曲面的投影积聚为直线或曲线(图 2.4),这种投影特性称为"积聚性"。

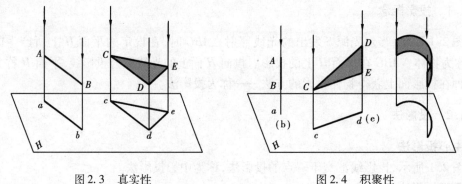

图 2.3　真实性　　　　　　　　　　图 2.4　积聚性

3. 类似性

当物体上直线或平面倾斜于投影面时,直线的投影仍为直线,但小于该直线的实长;平面的投影为类似的平面形,但小于该平面的实形(图 2.5),这种投影特性称为"类似性"。

4. 从属性

在直线或平面上的点,其投影仍在该直线或平面的投影上(图 2.6),这种投影特性称为"从属性"。

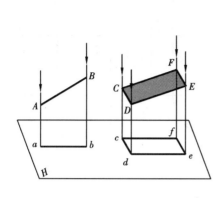

图 2.5 类似性   图 2.6 从属性

2.2 点 直线 平面的投影

2.2.1 点的投影

1. 点的三面投影及规律

（1）三投影面体系及展开

如图 2.7(a)，三投影面体系是由正面 V、水平面 H、侧面 W 三个投影面组成。这三个投影面相互正交，其交线为投影轴 X,Y,Z，三轴的交点 O 称为原点。

展开过程如图 2.7(b)、(c)，三投影面展平后，投影轴 Y 分成了 Y_H 和 Y_W。

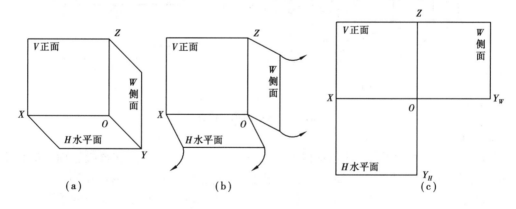

图 2.7 三投影面体系及展开

（2）点的三面投影

如图 2.8(a)，设空间一点 A，则 A 点的三面投影：是由 A 点向三个投影面作垂线所得垂足 a,a',a''，称为点的投影。空间的点用大写英文字母 $A,B,\cdots$ 表示；点在水平面、正面和侧面上的投影用小写字母 $a,b,\cdots,a',b',\cdots,a'',b'',\cdots$ 表示（图 2.8(b)）。

（3）点的三面投影规律

点的三面投影在三视图中的位置关系如图 2.8(c)，从图中可以归纳出点的三面投影规律：

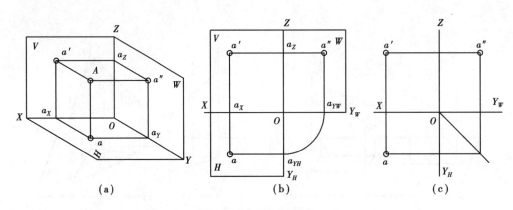

图 2.8　点的三面投影

①A 点的水平投影 a 和正面投影 a′ 在同一竖直线上；

②A 点的正面投影 a′ 和侧面投影 a″ 在同一水平线上；

③A 点的水平投影 a 和侧面投影 a″ 到正投影面的距离相等。

2.两点的相对位置和重影点

（1）两点的相对位置

两点的投影反映了各点对投影面的位置，同时也反映了两点之间前后、左右、上下的相对位置关系。如图 2.9，A,B 点的位置关系为：B 点在 A 点的前、下、右方。

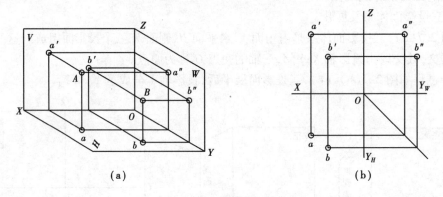

图 2.9　两点的相对位置

（2）重影点

空间两点位于垂直于某一投影面的同一条投影线上时，则该两点在该投影面上的投影重合，并称为该投影面的重影点。如图 2.10，A 点位于 B 点的上面，A,B 两点在同一条垂直于 H 面的投影线上，故两点在水平面的投影重合于一点 a(b)，则称 A,B 点为 H 面的重影点。

2.2.2　直线的投影

1.直线的投影

由于直线的投影一般仍为直线，当一直线垂直于投影面时，其投影为一点，如图 2.11（a）。

根据两点确定一直线，因此，作直线 AB 的三面投影，就是作直线上 A、B 两点同面投影的连线，如图 2.11（b）、（c）所示。

空间的直线用它两端点的大写字母 AB,BC,… 表示；直线在水平面、正面和侧面的投影用

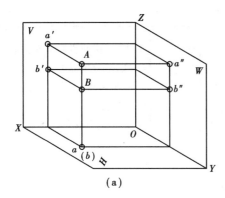

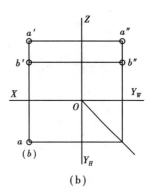

图 2.10　重影点

小写字母 $ab,bc,\cdots,a'b',b'c',\cdots,a''b'',b''c'',\cdots$ 表示。

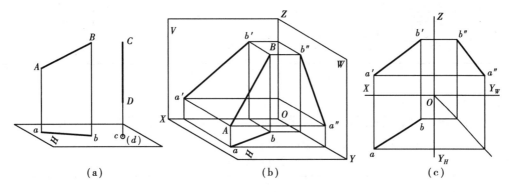

图 2.11　直线的投影

2. 各种位置直线的投影特性

空间直线与投影面的相对位置关系,可分为投影面平行线,投影面垂直线和一般位置直线三种。前两种为特殊位置直线。

（1）平行线

直线与某投影面平行而同时与另二投影面倾斜时,将这种位置的直线定义为投影面的平行线。三种平行线的位置关系及投影特性见表 2.1。

表 2.1　平行线

水平线	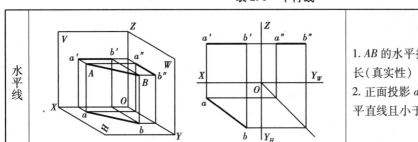	1. AB 的水平投影 ab 为斜线且反映实长（真实性） 2. 正面投影 $a'b'$ 和侧面投影 $a''b''$ 为水平直线且小于 AB（类似性）

21

续表

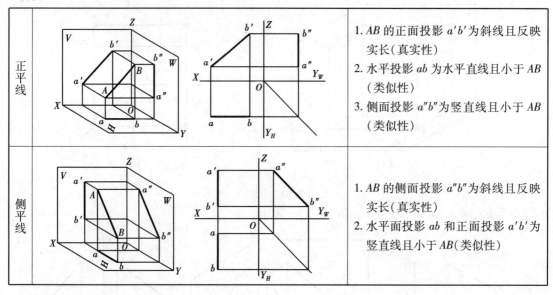

正平线		1. AB 的正面投影 a'b' 为斜线且反映实长(真实性) 2. 水平投影 ab 为水平直线且小于 AB(类似性) 3. 侧面投影 a"b" 为竖直线且小于 AB(类似性)
侧平线		1. AB 的侧面投影 a"b" 为斜线且反映实长(真实性) 2. 水平面投影 ab 和正面投影 a'b' 为竖直线且小于 AB(类似性)

(2)垂直线

直线与某投影面垂直而同时与另二投影面平行时,将这种位置的直线定义为投影面的垂直线。三种垂直线的位置关系及投影特性,见表2.2。

表2.2 垂直线

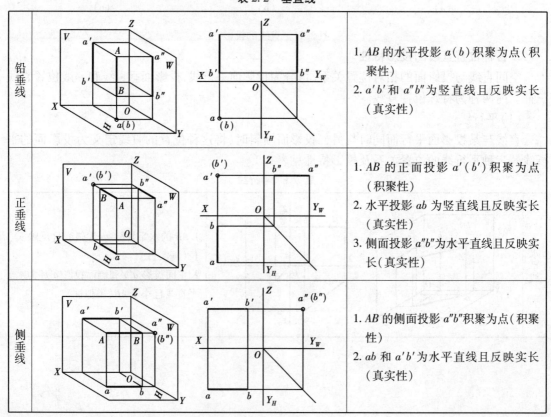

铅垂线		1. AB 的水平投影 a(b) 积聚为点(积聚性) 2. a'b' 和 a"b" 为竖直线且反映实长(真实性)
正垂线		1. AB 的正面投影 a'(b') 积聚为点(积聚性) 2. 水平投影 ab 为竖直线且反映实长(真实性) 3. 侧面投影 a"b" 为水平直线且反映实长(真实性)
侧垂线		1. AB 的侧面投影 a"b" 积聚为点(积聚性) 2. ab 和 a'b' 为水平直线且反映实长(真实性)

（3）一般位置直线

直线与三个投影面均倾斜时,定义为一般位置直线。它的三个投影均为斜线且小于实长,如图2.12所示。

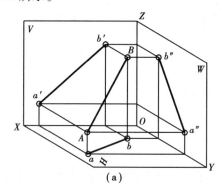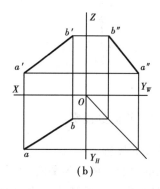

图2.12 一般位置直线

3. 直线上定点

（1）由正投影的"从属性"和点的三面投影规律作点的三面投影

如图2.13（a）所示,直线 AB 上一点 K,求 K 点的三面投影。根据正投影的"从属"性可知,当点在直线上时,点的投影一定在该直线的同面投影上。故 K 点的三面投影 k,k',k″在 ab,a'b',a″b″上。如图2.13（b）所示。

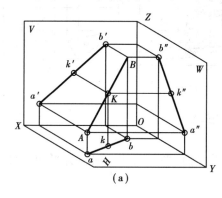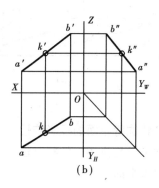

图2.13 直线上定点

（2）由分割定比判断直线上的点

如图2.14,直线上的点分割直线之比,投影后保持不变。

例1 已知直线 AB 及点 M 的两面投影,试判断点 M 是否在直线 AB 上,如图2.15（a）所示。

分析 由于直线 AB 是特殊位置的侧平线,因此,必须作图才能作出判断。

解1 作出 W 面的投影,确定 m″是否在 a″b″上,如图2.15（b）所示。

解2 用分割定比判断点 M 是否在直线 AB 上,如图2.15（c）所示。

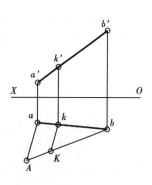

图2.14 直线上点的分割

23

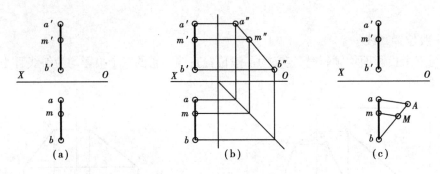

图 2.15　判断直线上的点

2.2.3　平面的投影

1. 平面的投影

平面的投影一般仍为平面,当平面垂直于投影面时积聚为直线,如图 2.16(a)所示。作平面的投影时,先作出其各顶点的同面投影再连线,即得平面的投影,如图 2.16(b)、(c)所示为平面的三面投影。

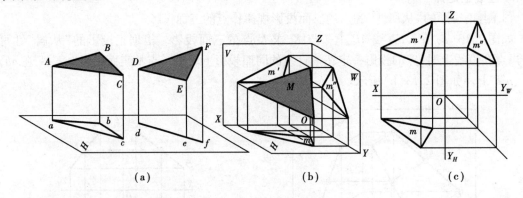

图 2.16　平面的投影

2. 各种位置平面的投影特性

空间平面与投影面的相对位置关系,可分为垂直面、平行面和一般位置平面三种,前两种为特殊位置平面。

(1)垂直面

平面与某投影面垂直,同时与另二投影面倾斜时,将这种位置的平面定义为投影面的垂直面。位置关系及投影特性见表 2.3。

表 2.3　垂直面

铅垂面	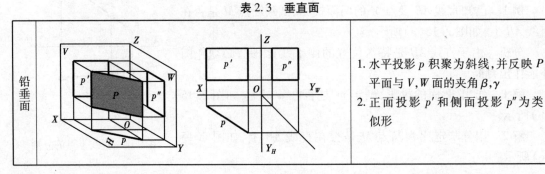	1. 水平投影 p 积聚为斜线,并反映 P 平面与 V,W 面的夹角 β,γ 2. 正面投影 p' 和侧面投影 p'' 为类似形

24

续表

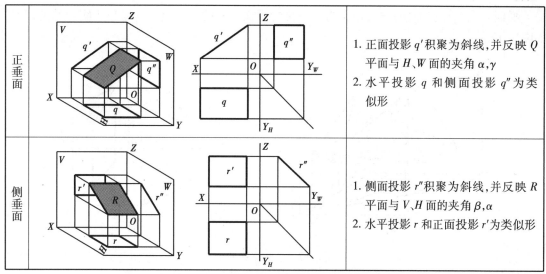

正垂面		1. 正面投影 q' 积聚为斜线,并反映 Q 平面与 H、W 面的夹角 α,γ 2. 水平投影 q 和侧面投影 q'' 为类似形
侧垂面		1. 侧面投影 r'' 积聚为斜线,并反映 R 平面与 V、H 面的夹角 β,α 2. 水平投影 r 和正面投影 r' 为类似形

（2）平行面

平面与某投影面平行,同时与另二投影面垂直时,将这种位置的平面定义为投影面的平行面。位置关系及投影特性见表 2.4。

表 2.4　平行面

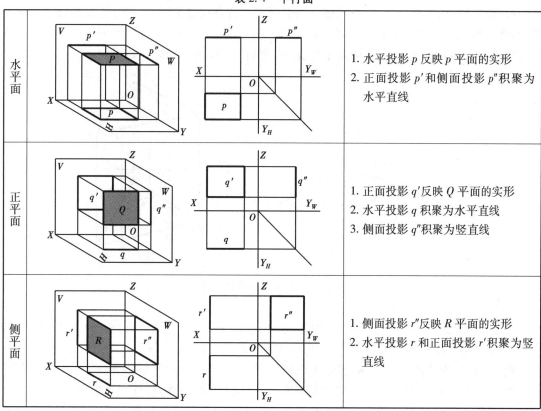

水平面		1. 水平投影 p 反映 p 平面的实形 2. 正面投影 p' 和侧面投影 p'' 积聚为水平直线
正平面		1. 正面投影 q' 反映 Q 平面的实形 2. 水平投影 q 积聚为水平直线 3. 侧面投影 q'' 积聚为竖直线
侧平面		1. 侧面投影 r'' 反映 R 平面的实形 2. 水平投影 r 和正面投影 r' 积聚为竖直线

（3）一般位置平面

平面与三个投影面倾斜时,定义为一般位置平面。它的三个投影均是小于实形的类似形,如图 2.17。

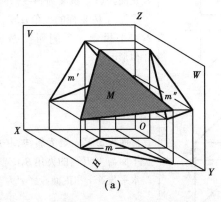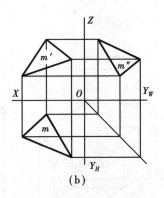

图 2.17　一般位置平面

3. 平面上的点和直线

（1）平面上定点

若点在平面内一直线上,则此点必在该平面上。如图 2.18（a）所示,点 K 在直线 AB 上,而 AB 在平面 P 上,故点 K 必在平面 P 上。

（2）平面上定直线

若直线过平面上两个点,则直线必在该平面上。若直线过平面上一个点,且平行于平面上的一直线,则直线必在该平面上。如图 2.18（b）,在 △ABC 边 AB,AC 上各取一点 M,N,过 M,N 的直线必在平面 ABC 上。若过 N 点作直线 NK 平行于 BC,则 NK 必在该平面上。

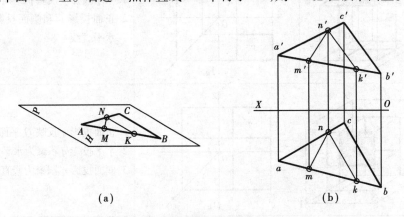

图 2.18　平面上的点和直线

（3）平面上的投影面平行线

在平面上且平行于某一投影面的直线,称为平面上的投影平行线。此种平行线的投影,符合投影面平行线的投影特性。如图 2.19（a）作正平线,图 2.19（b）作水平线。

例 2　在平面 ABC 上一点 K,已知正面的投影 k′,求 K 点的水平投影 k,图 2.20（a）所示。

解　确定平面上点的投影,首先作与点有关直线的投影,再作点,作图方法是:

①过 K 点与平面 ABC 的任一顶点 C 连线并延长与 AB 边相交于 D 点,作出直线 CD 正面

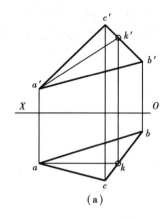 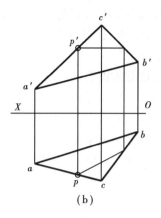

（a）　　　　　　　　　　　　　（b）

图 2.19　在平面上作投影面平行线

投影 $c'd'$，并求出水平投影 cd，在 cd 上求得 k，如图 2.20（b）。

②过 k' 作 $k'q'$，使 $k'q' // b'c'$，则水平投影 $kq // bc$，在 kq 上求得 k，如图 2.20（c）。

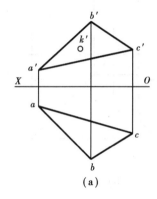 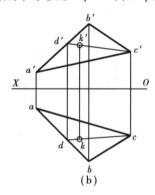 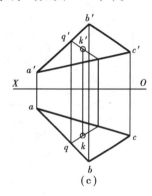

（a）　　　　　　　　　　（b）　　　　　　　　　　（c）

图 2.20　平面上定点

例 3　已知四边形 $ABCD$ 和剪口 Ⅰ，Ⅱ，Ⅲ 的正面投影，及 AB，AD 边的水平投影，如图 2.21（a），完成平面形的水平投影。

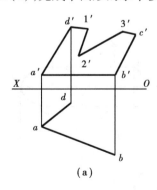 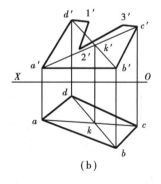 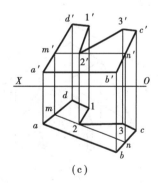

（a）　　　　　　　　　　（b）　　　　　　　　　　（c）

图 2.21　作平面形的投影

解　①先作四边形 $ABCD$ 的水平投影

作对角线 AC，BD 及交点 K 的正面投影 $a'c'$，$b'd'$ 和交点 k'；作出水平投影 bd 及 k，再作 ak 连线并延长求出 C 点的水平投影 c，连线即得四边形的水平投影 $abcd$，如图 2.21（b）。

②作剪口的水平投影

过2′作直线与a′d′,b′c′交于m′,n′,且m′n′//a′b′;作出M,N的水平投影m,n连线求得Ⅱ点的水平投影2。Ⅰ,Ⅲ点在直线CD上,可直接作出水平投影1,3,即完成平面形的水平投影,如图2.21(c)。

4. 特殊位置圆的投影

圆的投影有三种情况:平行于投影面的圆、垂直于投影面的圆、一般位置的圆。下面介绍前两种特殊位置圆的投影。

(1)平行于投影面的圆

如图2.22(a),当圆平行于投影面时,在其平行的投影面上的投影反映实形,仍是圆;而在另二投影面上的投影积聚为直线。

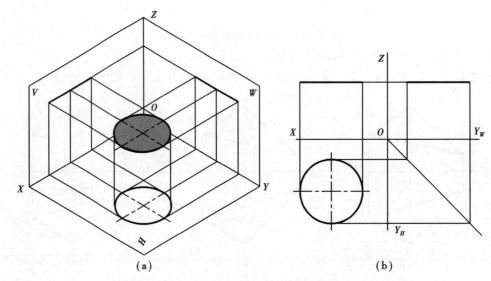

图2.22　平行于投影面的圆的投影

(2)垂直于投影面的圆

当圆垂直于投影面时,在所垂直的投影面上的投影积聚为斜线;其余二投影均为椭圆,如图2.23。

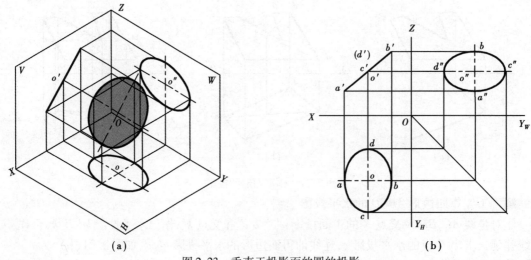

图2.23　垂直于投影面的圆的投影

2.3 基 本 体

基本体有棱柱、棱锥、圆柱、圆锥和圆球等,可分为平面立体和曲面立体两类。本节介绍基本体的三视图画法、尺寸标注以及立体表面取点的方法。

2.3.1 立体三视图的形成

视图——用正投影的方法,将立体向投影面投影所绘制的图形,称为立体的视图(图2.24)。当我们画图时,按观察者——立体——投影面的位置关系,观察者正对投影面,将视线假想成垂直于投影面的投射线来观察立体。并将立体上可见的轮廓线画粗实线,不可见的轮廓线画虚线。

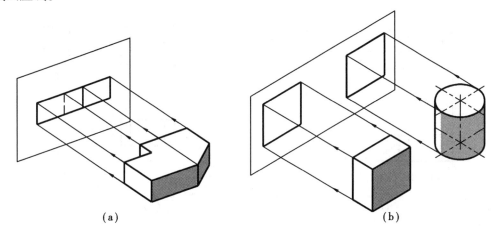

(a)　　　　　　　　　　　　　　(b)

图 2.24　视图

1. 立体三视图的形成

将立体置于三投影面体系中,并使立体的主要平面平行或垂直于投影面。观察者按正投影法分别从立体的前方、左方、上方正对着相应的投影面观察立体,画出立体的三个投影图。在投影过程中,立体在三投影面体系中的位置不变(图2.25(a))。

移去立体,保持正面不动,将水平面、侧面按图2.9(b)中箭头所示方向旋转90°,此时的 Y 轴被分为 Y_H 和 Y_W 轴。

三投影面展开后如图2.25(b),由于立体的正投影与投影面的大小和立体与投影面的距离位置无关,去掉图中的边框和投影轴 X、Y、Z。得到立体的三视图,其名称为:主视图、俯视图和左视图(图2.25(c))。

2. 三视图的投影规律及对应关系

(1)三视图的投影规律

三视图的投影规律如图2.25(c):主、俯视图长对正;主、左视图高平齐;俯、左视图宽相等。

注意:三投影面展平后,投影轴 Y 分成了 Y_H 和 Y_W,所以立体上的"宽"在俯视图上是竖向度量,而在左视图上是横向度量。

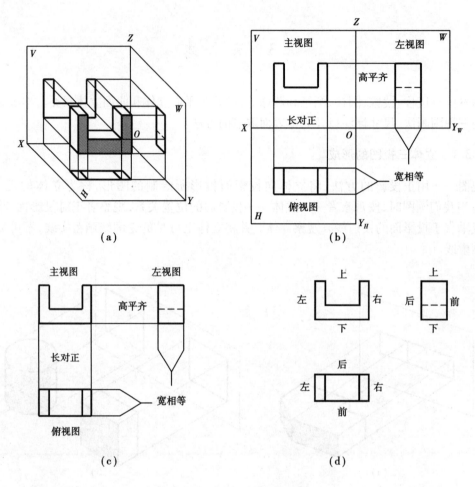

图 2.25　立体三视图的形成

（2）立体的方位与三视图的对应关系

立体有前后、上下、左右六个方位，它们与三视图的对应关系如图 2.25(d)，每一个视图都反映了立体的四个方位。注意：俯视图的下方和左视图的右方表示立体的前方，俯视图的上方和左视图的左方表示立体的后方。

（3）立体的长、宽、高与三视图的关系

立体上沿 X、Y、Z 轴方向度量的尺寸分别为"长、宽、高"。

2.3.2　基本体的三视图和尺寸标注

1. 平面立体的三视图

（1）棱柱

棱柱由上下底面、侧面、棱线和顶点组成，如图 2.26(a)的六棱柱。

①六棱柱的三视图

立体的空间位置，即立体在三投影体系中的位置关系。

a）分析六棱柱，它是由 6 个矩形侧面和 2 个正六边形底面组成，有 18 条棱线和 12 个顶点如图 2.26(a)。

b)确定空间位置,使其上下底面平行于水平面,前后侧面平行于正面(图 2.26(b))。

c)确定三视图的位置,画作图基准线。

d)先画六棱柱底面的水平投影图——俯视图;确定主、左视图的高(图 2.26(c))。

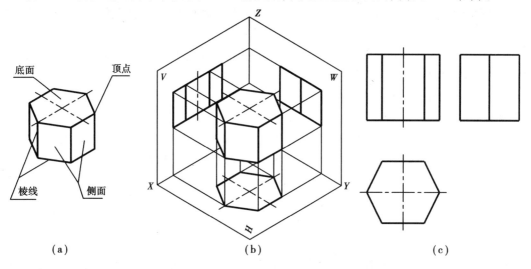

图 2.26 正六棱柱的三视图

e)由三视图的投影规律完成主、左视图。

②视图分析

在六棱柱的三视图中,俯视图为正六边形,反映六棱柱上下底面的实形;六条边是六个侧面的积聚投影;而六条侧棱的水平投影则积聚在六边形的六个顶点上。主视图是三个并连的矩形框,中间的矩形框反映了六棱柱前、后侧面的实形,其于矩形均为类似形。左视图是二个并列的矩形框,是六棱柱左、右两方四个侧面的投影,均为类似形;而左视图中的左右两条竖直线是前、后侧面的积聚投影。

(2)棱锥

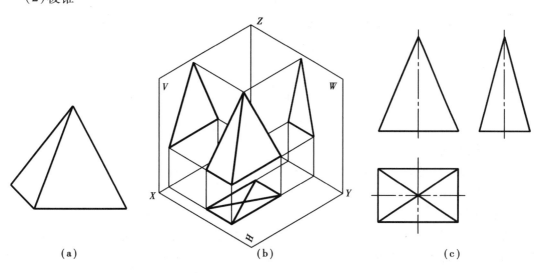

图 2.27 四棱锥的三视图

31

常见棱锥的底面是多边形,侧面是三角形。如图 2.27(a)所示为正四棱锥,锥顶位于垂直于底面的轴线上。

①四棱锥的三视图

a)分析四棱锥,它是由矩形底面和四个等腰三角形侧面组成,有四条棱线、四条侧棱和五个顶点,其中四条侧棱相交于锥顶 S(如图 2.27(a))。

b)确定四棱锥的空间位置:使底面平行于水平面 H,前后侧面垂直于侧面 W,左右侧面垂直正面 V(如图 2.27(b))。

c)三视图如图 2.27(c)所示。

②视图分析

在四棱锥的三视图中,俯视图是画有对角线的矩形,其中矩形反映了底面的实形,而四个三角形是棱锥的四个侧面的投影。主视图中的三角形是棱锥前后侧面的投影,两腰是棱锥左、右侧面的积聚投影。左视图中的三角形是棱锥左、右侧面的投影,两腰是棱锥前、后侧面的积聚投影。

2. 曲面立体

(1)圆柱

圆柱由圆柱面和上下底圆围成,如图 2.28(a)所示。圆柱的形成是由一直线 AA_1 绕与之平行的轴线 OO_1 旋转而成,而圆柱面上的直线 AA_1 称为素线。

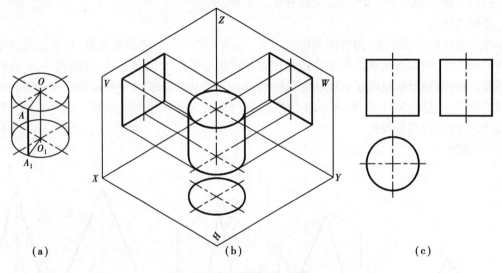

(a)　　　　　　　　　　　(b)　　　　　　　　　　(c)

图 2.28　圆柱的三视图

①圆柱的三视图

确定圆柱的空间位置,使圆柱的轴线垂直于水平面,上下底面平行于水平面。圆柱的三视图如图 2.28(c)所示。

②视图分析

在圆柱的三视图中,俯视图为圆,反映上下底面的实形,而整个圆柱面的水平投影都积聚在该圆上。主、左视图均为矩形,其上、下两边是圆柱上、下底面的积聚投影;主视图中矩形的左、右两边是圆柱面上左、右两线的投影;而左视图中矩形的左、右两边是圆柱面上前、后两线的投影。

（2）圆锥

圆锥由底圆和锥面围成。圆锥的形成是由一条与轴线相交的直线 *SA* 绕轴线 *SO* 旋转形成，而圆锥面上过锥顶的直线 *SA* 称为素线，如图 2.29（a）。

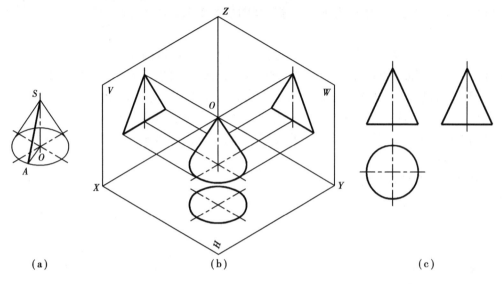

图 2.29 圆锥的三视图

①圆锥的三视图

确定圆锥的空间位置，使圆锥的轴线垂直于水平面，锥底平行于水平面。圆锥的三视图如图 2.29（c）所示。

②视图分析

在圆锥的三视图中，俯视图为圆，反映锥底的实形。主、左视图均为等腰三角形，其底边是锥底的积聚投影；主视图中的两腰是圆锥面上左、右两素线的投影；而左视图中的两腰是圆锥面上前、后两线的投影。

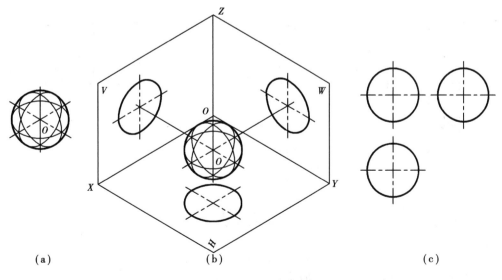

图 2.30 圆球的三视图

（3）圆球

圆球是由一个圆绕其直径旋转而成。

①圆球的三视图

圆球在任意方向的投影均为圆。圆球三视图如图 2.30(b)、(c)所示。

②视图分析

圆球的三视图均为直径相等的圆,即正面投影圆、水平投影圆和侧面投影圆。主视图上的圆是球面平行于正面 V 的最大外形圆的投影,该圆在水平面的投影重影在俯视图的水平中心线上,在侧面的投影重影在左视图的竖直中心线上。俯视图上的圆是球面平行于水平面 H 的最大外形圆的投影,此圆在正面和侧面的投影积聚在主、左视图的水平中心线上。左视图上的圆是球面平行于侧面 W 的最大外形圆的投影,此圆在正面和水平面的投影积聚在主、俯视图的竖直中心线上。

3. 基本体三视图的作图步骤

六棱柱的三视图作图步骤如图 2.31 所示:

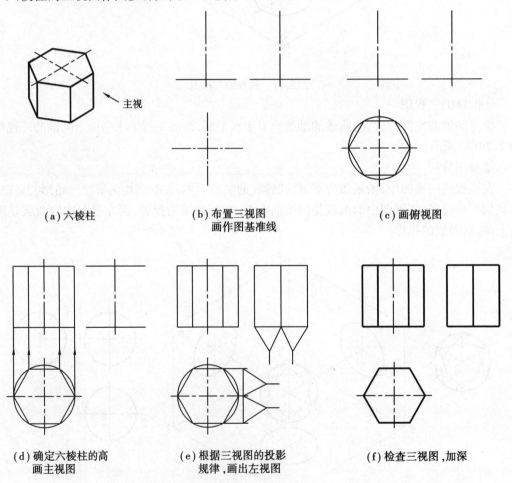

(a)六棱柱　　　　　　　(b)布置三视图　　　　　　　(c)画俯视图
　　　　　　　　　　　　　画作图基准线

(d)确定六棱柱的高　　　(e)根据三视图的投影　　　　(f)检查三视图,加深
　　画主视图　　　　　　　　规律,画出左视图

图 2.31　六棱柱的三视图画法

4. 基本体的尺寸标注(如表 2.5 所示)

基本体的尺寸标注,就是长、宽、高三个方向的尺寸。

（1）平面立体的尺寸标注

棱柱、棱锥等标注底面尺寸和高度尺寸。

（2）曲面立体的尺寸标注

圆柱、圆锥等标注底圆直径和高度尺寸，圆球的尺寸标注，应注意在直径或半径前加"$S\phi$、SR"。

表 2.5　基本体尺寸注法

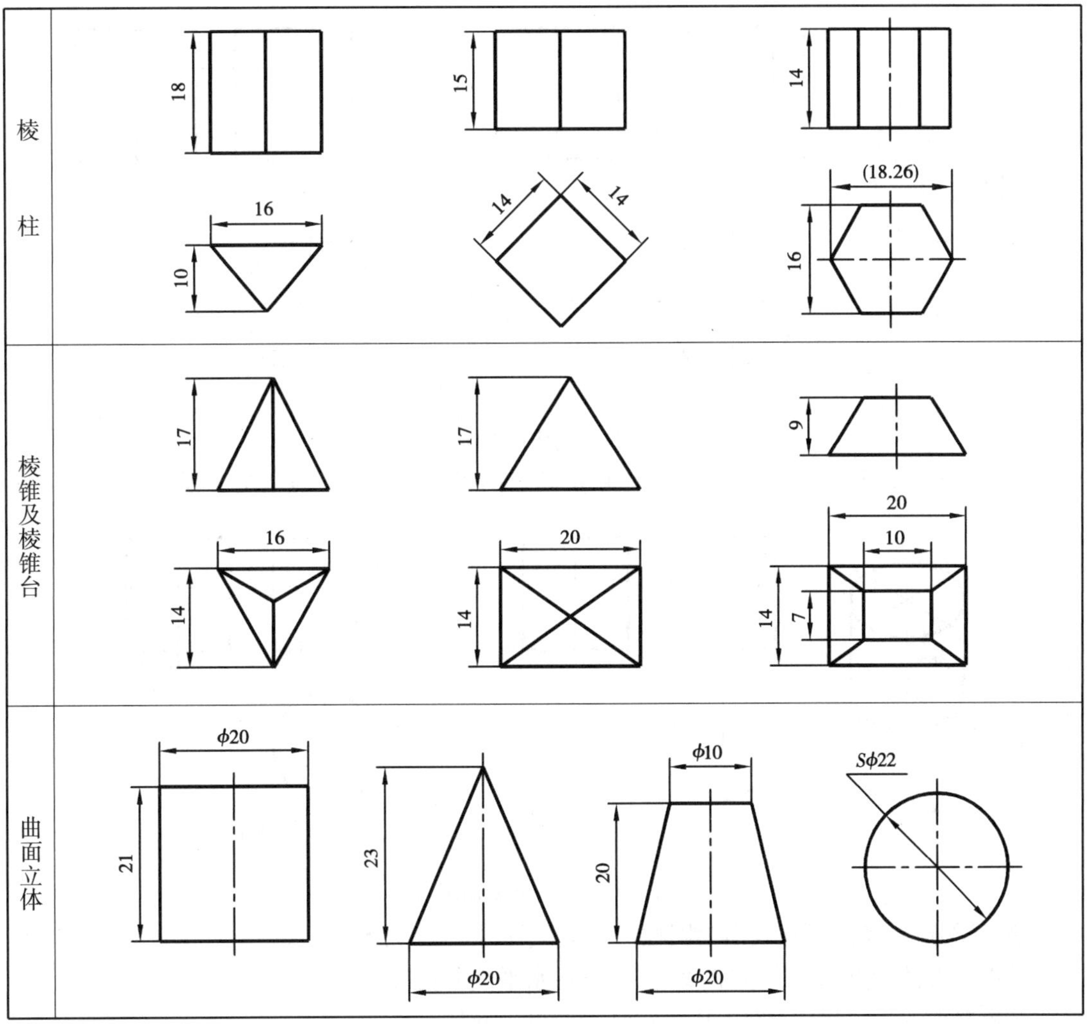

2.3.3　立体表面定点

根据已知条件求立体表面上点的投影，称为立体表面上定点。在立体表面定点时，由点所在表面的投影特性不同，采用以下两种方法。

1. 由点所在表面投影的积聚性定点

当点所在表面垂直于某一投影面时，表面在该投影面的投影积聚为一线段（直线或弧线），而该点的投影积聚在此线段上。作立体表面上点的投影时，可用这一特性先求出点在该投影面的投影,再由点的投影规律求点的其余投影。

例4 如图2.32(a),已知六棱柱表面上 K 点的侧面投影 k″,求 K 点的另二投影。

解 ①分析点所在平面的空间位置,投影特性。即 K 点位于六棱柱的前、左侧面,该平面为铅垂面,在水平面的投影积聚为一段斜线,在正面和侧面的投影为类似形(图2.32(a))。

②由积聚性和点的投影规律,确定 K 点的水平投影 k(图2.32(b))。

③由点的投影规律作出 K 点的正面投影 k′。

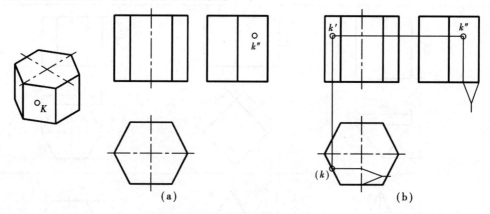

图2.32 六棱柱表面定点

例5 如图2.33(a),已知圆柱面上 M 点的正面投影 m′,求 M 点的另二投影。

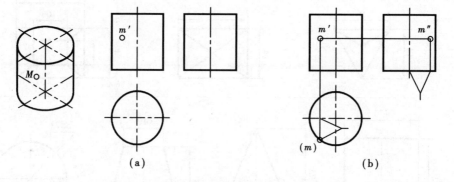

图2.33 圆柱体表面定点

解 ①分析:M 点所在表面为圆柱面,其水平投影积聚为圆。

②由积聚性和点的投影规律,确定 M 点在水平面的投影 m。

③根据点的投影规律,确定 M 点在侧面的投影 m″。

2. 由辅助线定点

点所在表面的投影无积聚性时,过该点在表面上作一辅助线,并求出辅助线的投影。再根据线上定点来完成点的投影。

例6 已知三棱锥上 P 点的投影 p′,求 P 点的另二投影。

解1 ①分析:如图2.34(a)可知 P 点位于三棱锥的左侧面上;P 点所在表面是一般位置平面。

②过 p′作一条水平辅助线 m′n′,如图2.34(b)所示。并作出辅助线的水平投影 mn 和侧面投影 m″n″。

③根据点的投影规律,完成 P 点的水平投影 p 和侧面投影 p''。

解2 过 P 点及锥顶 S 作辅助线 SQ 来求解,如图 2.34(c)。

①从锥顶 s' 过 p' 连线并延长与底边相交于 q'。

②作出 SQ 在水平面和侧面的投影 sq 和 $s''q''$。

③由点的投影规律完成 P 点在水平面和侧面的投影 p、p''。

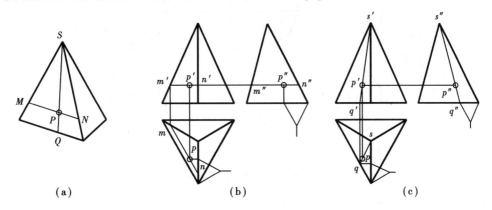

图 2.34 三棱锥表面定点

例7 已知圆锥面上 K 点的正面投影 k',求 K 点的另二投影。

解1 ①分析:K 点所在圆锥面的投影无积聚性,且 K 点位于圆锥面的前左部位(图 2.35(a))。

②过 K 及锥顶 S 作辅助(素)线 SQ,并作出 SQ 的投影 $s'q'$、sq 和 $s''q''$(图 2.35(b))。

③由线上定点的方法,求出 K 点的水平投影 k 和侧面投影 k''。

解2 过 K 点作垂直于轴线的辅助圆,该圆的水平投影反映实形(圆),在正面和侧面的投影积聚为水平直线,再由点的投影规律可求解 K 点的水平投影 k 和侧面投影 k'',如图 2.35(c)所示。

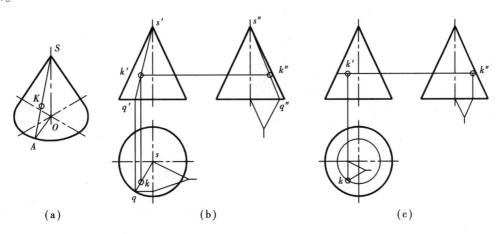

图 2.35 圆锥表面定点

例8 已知圆球表面 P 点的水平投影 p,求 P 点的另二投影。

解1 ①分析:P 点位于球面的左、后、上部位;球面的投影无积聚性。

②过 P 点在球面上作(正平圆)辅助圆,该圆在水平面的投影积聚为过 p 点的水平直线,

在正面的投影为反映实形的圆,在侧面的投影积聚为一条竖直线,如图 2.36(a)。

③由点的投影规律,求出 P 点的正面投影 p' 和侧面投影 p''。

解 2 如图 2.36(b),过 P 点先作水平辅助圆亦可求得。

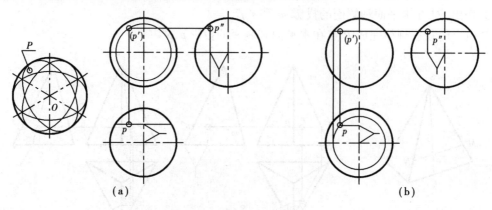

(a)　　　　　　　(b)

图 2.36　圆球表面定点

2.4 轴 测 图

轴测图是具有立体感的单面投影图。它不能准确地表达物体的真实形状和大小,作图较难。由于立体感强,读图容易的特点。看图时,可用轴测图帮助想象立体的形状。本节介绍轴测图的基本概念及正等测图和斜二测图画法。

2.4.1 轴测图的基本概念

1. 轴测图

图 2.37 所示,由于立体在 P 面上的投影同时反映了该立体的前面、顶面和侧面等三个方

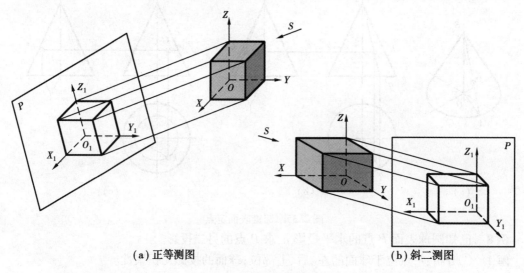

(a) 正等测图　　　　　　　(b) 斜二测图

图 2.37　轴测图

向的形状,而具有较强立体感。这种将物体与三投影面一起向另一投影面 P 投影得到一个立体感很强的图,称为轴测图。P 面为轴测投影面;X,Y,Z 轴的投影 X_1,Y_1,Z_1 为轴测轴;而 $O_1X_1/OX,O_1Y_1/OY,O_1Z_1/OZ$ 的比值为轴向变形系数;轴测轴之间的夹角为轴间角。

2. 轴测投影的基本特性

(1)立体上相互平行的直线,其轴测投影仍然相互平行。

(2)立体上平行于坐标轴的直线,其轴测投影平行于相应的轴测轴。且该直线的变形系数与相应坐标轴的变形系数相等。

以上轴测投影特性是画轴测图的重要依据。

3. 正等测轴

如图 2.37(a)所示,使轴测投影面 P 与立体的坐标轴 X,Y,Z 等角度倾斜,然后用正投影所得到的轴测图称为正等测图。

正等测轴的轴间角 $\angle X_1O_1Y_1 = \angle X_1O_1Z_1 = \angle Y_1O_1Z_1 = 120°$;轴向变形系数均为 0.82,为了方便画图,国标规定用系数 1 代替系数 0.82 画图,如图 2.38(a)。

4. 斜二测轴

如图 2.37(b),使轴测投影面 P 与立体的坐标平面 XOZ 平行,然后进行斜投影所得到的轴测图称为斜二测图。由于坐标平面 XOZ 平行于 P 面,所以立体上平行 XOZ 面的平面和直线的轴测投影反映实形和实长。因此,X,Z 轴方向的变形系数为1,轴间角 $\angle X_1O_1Z_1 = 90°$,而 Y 轴方向的变形系数为 0.5,轴间角 $\angle X_1O_1Y_1 = \angle Y_1O_1Z_1 = 135°$,如图 2.38(b)。

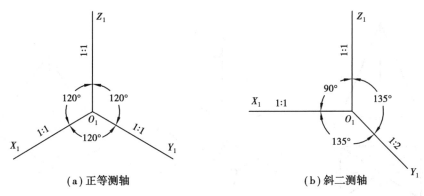

(a)正等测轴　　　　　　　　　　　(b)斜二测轴

图 2.38　轴测图

2.4.2　正等测图的画法

1. 平面立体的正等测图画法

例如已知六棱柱的主、俯视图(图 2.39(a)),画六棱柱的正等测图。作图方法和步骤如图 2.39 所示。

国标规定,轴测图中立体的可见轮廓用粗实线画,不可见轮廓的虚线一般不画。

例如已知四棱锥的主、俯视图,画出四棱锥的正等测图。

作图方法和步骤如图 2.40 所示。

2. 曲面立体的正等测图

(1)圆的正等测图

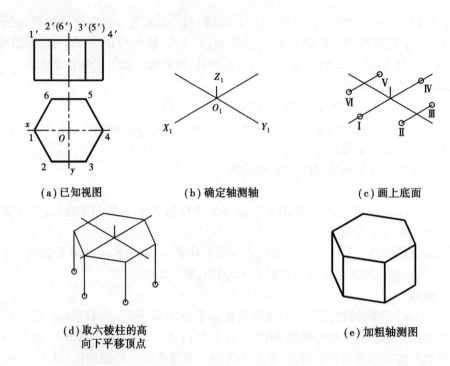

(a) 已知视图　　　　　(b) 确定轴测轴　　　　　(c) 画上底面

(d) 取六棱柱的高
向下平移顶点

(e) 加粗轴测图

图 2.39　六棱柱的正等测图

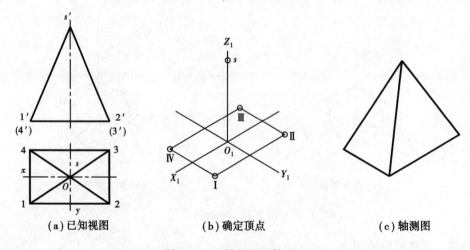

(a) 已知视图　　　　　(b) 确定顶点　　　　　(c) 轴测图

图 2.40　四棱锥的正等测图

立体位于或平行于坐标面上的圆,其正等测图均是椭圆,如图 2.41 所示。

正等测图中的椭圆四心画法如图 2.42。

(2)圆角(1/4 圆弧)的正等测图

平行于坐标面的圆角可看成是平行于坐标面的 1/4 圆,因此,圆角的正等测图是 1/4 椭圆。通常采用简化画法,如图 2.43 所示。

作图方法和步骤如下:

①画出立体未倒圆角时的正等测图。

②由圆角半径 R,在立体表面的边上定出切点 1、2、3、4,过切点分别作相应边的垂线的交

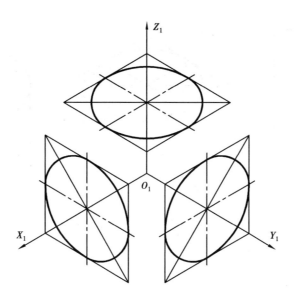

图 2.41 平行于坐标面的圆的投影

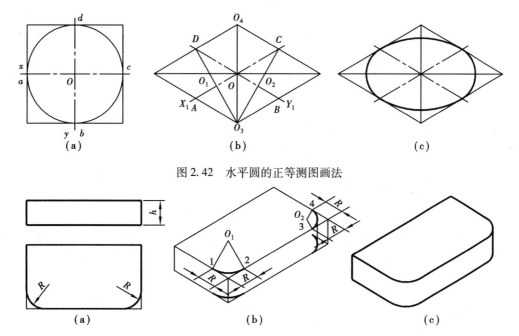

图 2.42 水平圆的正等测图画法

图 2.43 圆角的正等测图画法

点 O_1、O_2。

③以 O_1 为圆心,$O_1 1$ 为半径画出 1、2 两点间圆角的正等测图。同理,可画出 3、4 点间圆角的正等测图。将圆心 O_1、O_2 下移立体的高度 h,以同样的方法画出立体下边圆角的正等测图。

④在立体右端作上下两圆弧的公切线,即得到带圆角立体的正等测图。

（3）圆柱的正等测图

圆柱的轴线垂直于水平面,上、下底面均为水平圆。以 Z_1 为轴线,X_1、Y_1 为中心线画两个椭圆,然后作两椭圆的公切线,即为圆柱的正等测图,如图 2.44。

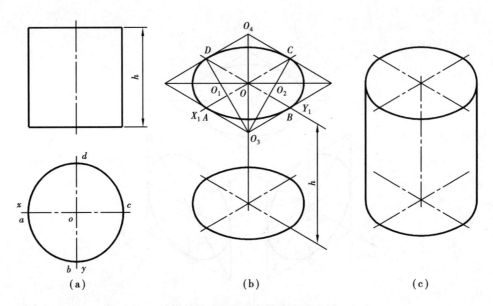

图 2.44　圆柱的正等测图画法

（4）圆锥的正等测图

圆锥的轴线垂直于水平面，底面为水平圆。以 Z_1 为轴线，X_1、Y_1 为中心线画椭圆；确定锥顶 S，过 S 作椭圆的切线即是圆锥的正等测图，如图 2.45。

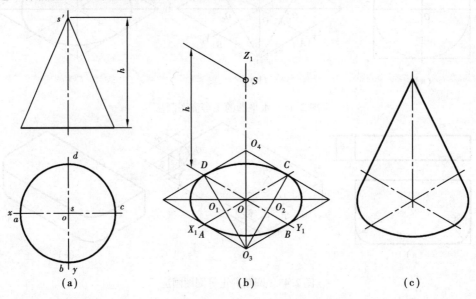

图 2.45　圆锥的正等测图画法

2.4.3　斜二测图的画法

1. 平面立体的斜二测图

如图 2.46 为四棱锥的斜二测图画法。在轴 Z_1 上确定锥顶 S，以 X_1、Y_1 为对称线画出锥底，再由锥顶 S 与锥底的顶点连线即得四棱锥的斜二测图。

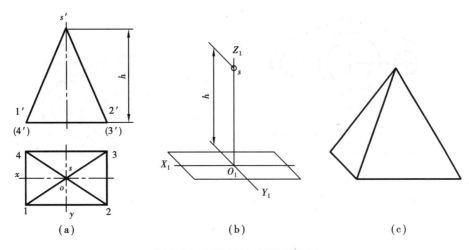

图 2.46 四棱锥的正等测图画法

2. 圆柱的斜二测图

如图 2.47 所示为轴线垂直于正面的圆柱的斜二测图画法。因为圆柱的底面平行于正面，所以，底圆的斜二测图反映实形。

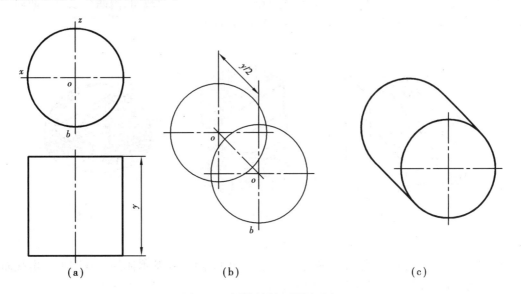

图 2.47 圆柱的斜二测图画法

3. 多个同向圆的斜二测图

如图 2.48 所示为多个同向圆孔的斜二测图。

2.5 截 切 体

截切体是机械制图教学内容的重点和难点之一，更是立体投影作图的关键。因此，本节着重介绍点、线、面在截切体画图和读图中的分析运用，以及截切体的尺寸标注。

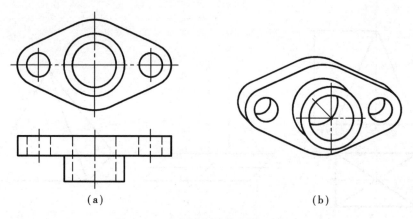

（a） （b）

图 2.48 多个同向圆孔的斜二测图

2.5.1 概述

如图 2.49,由一个或多个相交平面截切基本体后所形成的立体,称为截切体。截切立体的平面——称为截平面;截平面截切立体表面所形成的交线——称为截交线;截平面截断立体棱线形成的截断点——称为断点;由截交线所围成的面——称为截面;由两个以上平面截切立体所形成的口、槽——称为切口,如图 2.49(a)、(b)、(c)。

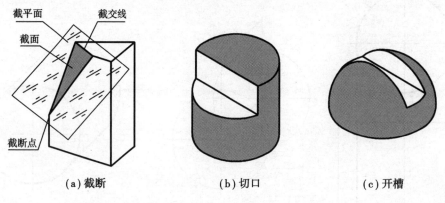

（a）截断 （b）切口 （c）开槽

图 2.49 截切体

由图 2.49 可知,画截切体视图的关键:是根据已知条件,在基本体的三视图上画出截面或切口的投影。画图时,按以下方法和步骤进行:

1. 分析截切体:明确截切前基本体的形状,截切形式(如截断、切口、开槽)及截面形状。

2. 分析截面的空间位置、投影特性以及截面在三个投影面的投影情况。

3. 画截切体的三视图

（1）画基本体三视图。

（2）画出截面或切口有积聚投影的图。

（3）完成截面、切口的其余视图。

以下介绍截切体的画图、读图和尺寸标注。

2.5.2　截切平面体

1. 截切棱柱

例 9　如图 2.50(a),用正垂面截切三棱柱,画截切体的三视图及轴测图。

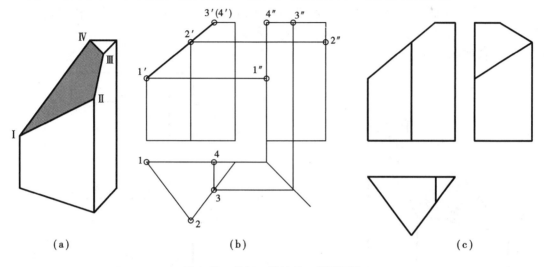

(a)　　　　　　　　　(b)　　　　　　　　　(c)

图 2.50　截切三棱柱的三视图画法

解　1)分析截切体

三棱柱被正垂面截切后所形成的截面为四边形,而四边形的四个顶点,即断点 Ⅰ,Ⅱ,Ⅲ,Ⅳ如图 2.50(a)所示。

2)分析截面的投影特性

截面为正垂面,在正面的投影积聚为斜线,在水平面和侧面的投影均为类似形(四边形)。

3)画三视图

①用细实线画出三棱柱的三视图。

②画出截面有积聚投影的图——主视图,并确定断点 $1'$,$2'$,$3'$,$4'$(如图 2.50 (b))。

③由直线上定点的方法作出四个断点在水平面和侧面的投影 1,2,3,4 和 $1''$,$2''$, $3''$,$4''$并连线(图 2.50(c))。

④擦去截除部分的投影,加深。

4)画轴测图

①先画三棱柱的轴测图。

②画截面的轴测投影,确定 Ⅰ、Ⅱ、Ⅲ、Ⅳ如图 2.51(b)。

例 10　如图 2.52(a)所示,求作切口四棱柱的三视图。

解　1)分析截切体

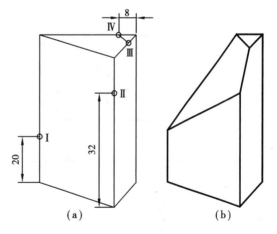

(a)　　　　　　　　(b)

图 2.51　截切三棱柱的斜二测图画法

　　四棱柱被相交的侧平面与正垂面截切形成切口,侧平面截切形成矩形截面 M,正垂面截切形成五边形截面 N,即该切口由 M,N 两截面组成。

　　2)分析截面的投影特性

　　截面 M 为侧平面,在正面和水平面的投影 m',m 均积聚为竖直线,在侧面的投影反映实形;截面 N 为正垂面,在正面的投影 n' 积聚为斜线,在水平面和侧面的投影 n 和 n'' 均为类似形;且两截面在正面的投影积聚为竖直和倾斜的相交直线。

　　3)画截切体的三视图

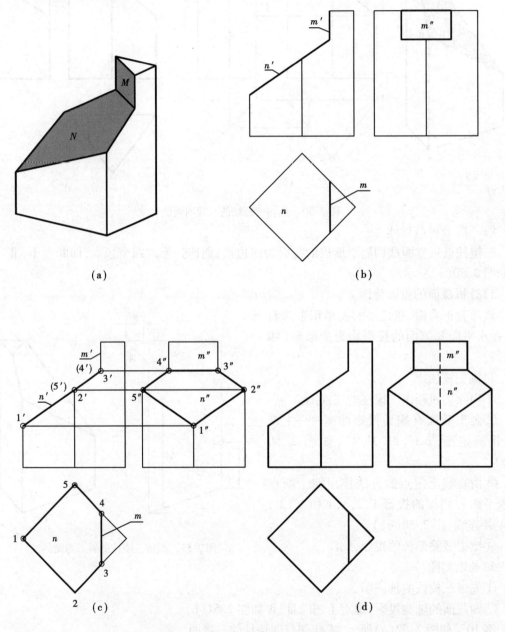

图 2.52　切口四棱柱的三视图画法

①在四棱柱的三视图中画出切口有积聚投影的图——主视图,如图 2.52(b)。

②画截面 M 在水平面和侧面的投影 m,m'',如图 2.52(b)。

③用求点的方法,画出截面 N 在水平面和侧面的投影 n,n'',如图 2.52(c)。

④擦去多余的线并加深,如图 2.52(d)。

2. 截切棱锥

例 11　如图 2.53(a)所示,求作四棱台开槽的三视图。

解　1)分析截切体

由两对称的侧平面与水平面相交并截切四棱台形成矩形切口,两侧平面截切形成两个对称的等腰梯形截面 M,M_1;水平面截切形成矩形截面 N。即该切口是由两等腰梯形截面 M,M_1 和矩形截面 N 组成。

2)分析截面的投影特性

截面 M,M_1 为侧平面,在正面和水平面的投影积聚为竖直线,在侧面的投影反映实形;截面 N 为水平面,在正面和侧面的投影积聚为水平线,在水平面的投影反映实形。且三截面在正面的投影同时积聚为直线。

3)画三视图

①在四棱台的三视图中,先画出切口有积聚投影的图——主视图,如图 2.53(b)。

②根据投影特性和三视图的投影规律,画出切口的另二投影,如图 2.53(c)。

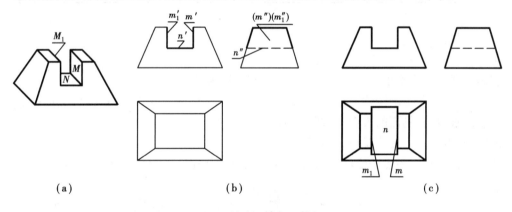

图 2.53　四棱台开槽的三视图画法

2.5.3　截切回转体

1. 截切圆柱体

截平面截切圆柱时,由于截平面与圆柱轴线的相对位置不同,而形成不同形状的截面,如表 2.6。

例 12　如图 2.54(a),用正垂面截切圆柱,画三视图及轴测图。

解　1)分析截断体

截平面倾斜于圆柱的轴线,截面为椭圆面,而椭圆周上的点均位于圆柱面上。

2)分析截面

椭圆面为正垂面,在正面的投影积聚为斜线;而椭圆周上的点在水平面的投影重合在俯视图的圆周上;侧面投影仍为椭圆。

表2.6　圆柱的截面

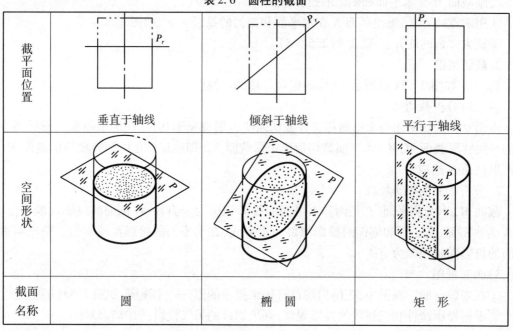

	垂直于轴线	倾斜于轴线	平行于轴线
截平面位置			
空间形状			
截面名称	圆	椭　圆	矩　形

3)画三视图

①画出圆柱体的三视图。

②画出截面有积聚投影的图——主视图(如图2.54(b))。

③在主、俯视图中确定特殊位置点的投影,即1′、2′、3′、4′和1、2、3、4,再由点的投影规律作出Ⅰ、Ⅱ、Ⅲ、Ⅳ在侧面的投影1″、2″、3″、4″。

④同理,可求出一般位置点A、B、C、D的投影。

⑤依次光滑连接各点的侧面投影,即得截面的侧面投影(椭圆),如图2.54(c)。

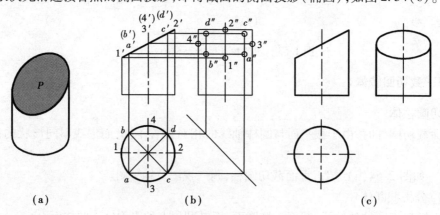

(a)　　　　　　　　　(b)　　　　　　　　　(c)

图2.54　截断圆柱的三视图画法

4)画轴测图

①先画出圆柱的正等测图。

②画出截面的正等测图,如图2.55。

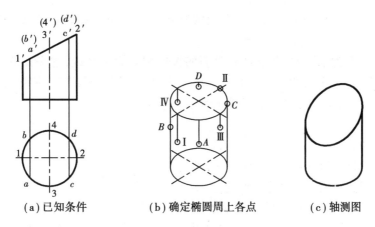

（a）已知条件　　　（b）确定椭圆周上各点　　　（c）轴测图

图 2.55　正等测图

例 13　如图 2.56（a）为圆柱体切口，画三视图。

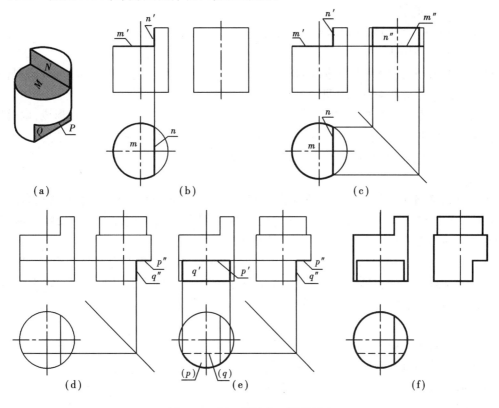

图 2.56　切口圆柱的三视图画法

解　1）分析截切体

圆柱体上方由相交的水平面与侧平面截切形成切口，水平面截切形成大半圆弧和直线围成的截面 M；侧平面截切形成矩形截面 N；该切口由截面 M，N 组成。

圆柱体下方由相交的水平面与正平面截切形成切口，水平面截切形成弓形截面 P；正平面截切形成矩形截面 Q；下方切口由截面 P，Q 组成。

2）分析截面

①上方：截面 M 为水平面，在正面和侧面的投影积聚为水平线，水平面的投影反映实形；

49

截面 N 为侧平面,在正面和水平面的投影积聚为竖直线,侧面的投影反映实形;且两截面在正面的投影积聚为水平和竖直正交的直线。

②下方:截面 P 为水平面,在正面和侧面的投影积聚为水平线,水平面的投影反映实形;截面 Q 为正平面,在水平面的投影积聚为水平线,侧面的投影积聚为竖直线,正面的投影反映实形;且两截面在侧面的投影积聚为水平和竖直正交的直线。

3)画三视图

①画出圆柱的三视图。

②画出上方切口有积聚投影的图——主视图。

③根据"长对正"画出 N 面的水平投影 n,m 也随之确定。

④由三视图的投影规律作出切口的侧面投影 m''、n''(如图 2.56(b)、(c)、(d))。

⑤画下方切口时,先画切口有积聚投影的图——左视图,再根据三视图的投影规律完成其余投影,如图 2.56(d)、(e)所示。

⑥擦去截除部分,加深。

例 14 如图 2.57(a),切口圆管,画三视图。

解 1)分析截切体

圆管上方由相交的水平面和侧平面截切形成切口,水平面截切形成大半环形截面 M;侧平面截切形成两个矩形截面 N、N_1;即该切口由截面 M 和 N、N_1 组成。

圆管下方从左至右开矩形槽,该槽由两个对称的正平面与水平面相交截切形成,两对称的正平面截切形成两对(四个)矩形截面 P、P_1、P_2、P_3,水平面截切形成两段环形截面 Q、Q_1,P、P_1、Q 和 P_2、P_3、Q_1 截面形成左右两个对称的矩形槽。

2)分析截面

①上方切口:截面 M 为水平面,在正面和侧面的投影积聚为水平线,水平面的投影反映实形;截面 N、N_1 为侧平面,在正面和水平面的投影积聚为竖直线,在侧面的投影反映实形;且三截面在正面的投影积聚为水平和竖直正交的直线。

②下方矩形槽:截面 P、P_1、P_2、P_3 均为正平面,水平面的投影积聚为水平线,侧面投影积聚为竖直线,正面投影反映实形;截面 Q、Q_1 为水平面,在正面和侧面的投影积聚为水平线,水平面投影反映实形;该槽在侧面投影积聚为下开口的矩形直线段。

3)画三视图

①画出圆管的三视图。

②画出上方切口有积聚投影的图——主视图。

③画截面 N、N_1 的水平投影 n、n_1,m 也随之确定。

④由三视图的投影规律完成切口的侧面投影 m''、n''、n_1'',如图 2.57(b)、(c)。

⑤画下方矩形槽时,先画有积聚投影的图——左视图;再由三视图的投影规律完成其余投影,如图 2.57(d)、(e)。

⑥擦去截除部分,加深。

2. 截切圆锥

由于截平面与圆锥轴线的相对位置不同,而形成五种不同形状的截面,如表 2.7。

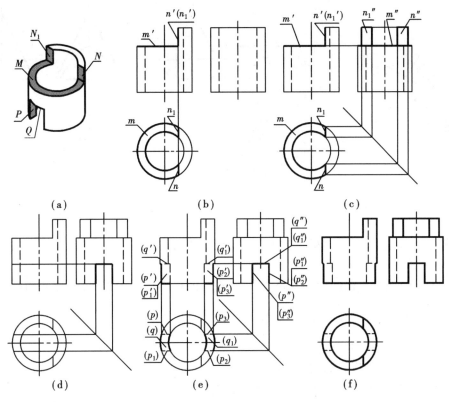

图 2.57　圆管切口的三视图画法

表 2.7　圆锥的截面

截平面位置	垂直于轴线 $\theta = 90°$	倾斜于轴线 $\theta > \alpha$	平行于一条素线 $\theta = \alpha$	<image>平行于轴线或 倾斜于轴线 $\theta = 0°$或$\theta < \alpha$</image>	<image>过锥顶</image>
空间形状					
截面名称	圆	椭　圆	抛物线和直线围成的平面图形	双曲线和直线围成的平面图形	三角形

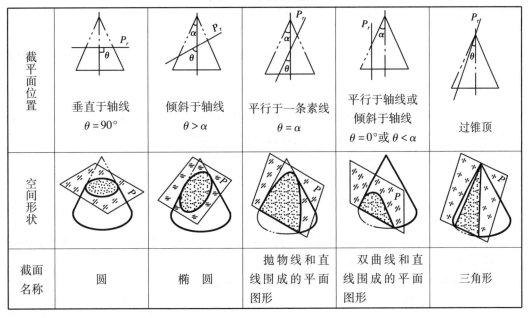

例 15　如图 2.58(a),用正平面截切圆锥,画三视图。

解　1)分析截切体

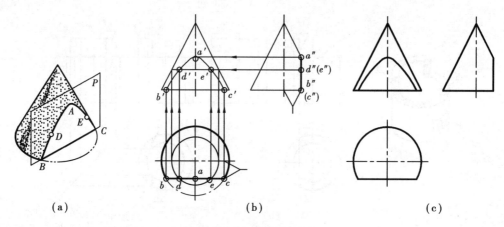

（a）　　　　　　　　　　（b）　　　　　　　　　　（c）

图 2.58　平行轴线截切圆锥

圆锥被正平面截切形成一双曲线和直线围成的截面。

2）分析截面

截面为正平面,在正面的投影反映实形,水平面的投影积聚为水平线,侧面的投影积聚为竖直线。

3）画三视图

①画出圆锥的三视图。

②画出截面有积聚投影的图——俯、左视图。

③作特殊位置 A、B、C 点在正面和水平面的投影 a'、b'、c' 和 a、b、c。

④由辅助圆（或素线）作一般位置 D、E 点在正面和水平面的投影 d'、e' 和 d、e。

⑤依次光滑连接 b'、d'、a'、e'、c',得双曲线的正面投影。

例 16　图 2.59（a）为切口顶针,画三视图。

解　1）分析截切体

圆柱与圆锥同轴连接,被相交的水平面与侧平面截切形成切口,水平面截切形成双曲线和矩形直线段围成的截面 M;侧平面截切形成弓形截面 N;该切口由截面 M、N 组成。

2）分析截面

截面 M 为水平面,在正面和侧面的投影积聚为水平线,水平面的投影反映实形;截面 N 为侧平面,在正面和水平面的投影积聚为竖直线,在侧面的投影反映实形;两截面在正面的投影积聚为水平与竖直正交的直线段。

3）画三视图

①画出圆柱与圆锥同轴连接的三视图。

②画切口有积聚投影的图——主视图（如图 2.59（b））。

③根据投影特性和三视图的投影规律,完成俯、左视图（如图 2.59（c））。画俯视图时,可分成两部分处理,即圆锥截断（如例 15）和圆柱切口。

例 17　如图 2.60（a）,用正垂面截切圆锥,画三视图。

解　1）分析截切体

圆锥被倾斜轴线截切,且截平面与轴线的夹角大于素线与轴线的夹角时,形成椭圆形截面;而椭圆周上的点均位于圆锥面上。

2）分析截面

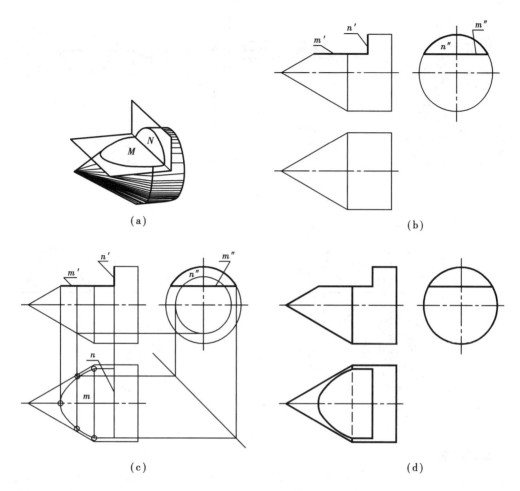

图 2.59　切口顶针

截面为正垂面,在正面的投影积聚为斜线,水平面和侧面的投影均为椭圆。

3)画三视图

①画出圆锥的三视图。

②画出截面有积聚投影的图——主视图。

③确定特殊位置点,椭圆有长轴、短轴四个端点 A、B、C、D 和椭圆在前后素线上的点 E、F。而 A、B 和 E、F 是特殊位置素线上的点,可用辅助(素线)线,由 a'、b' 直接作出 a、b 和 a''、b'',由 e'、f' 作出 ef 和 e''、f'' 的投影(如图 2.60(b))。短轴的端点 C、D 在正面的投影重影于 $a'b'$ 的中点处,过点 c'、d' 作辅助水平面截断圆锥形成水平圆(如图 2.60(c)),则 C、D 点的水平投影一定在该圆的同面投影上,即得 c、d,再由点的投影规律作出侧面投影 c''、d''。

④求一般位置点,在截面的正面投影的适当位置取点 g'、h',过此两点作辅助水平面截断圆锥,作出 G、H 在水平和侧面的投影 g、h 和 g''、h''。同理可作出 I、J 的水平和侧面投影 i、j 和 i''、j''(如图 2.60(d))。

⑤光滑连接各点的同面投影,得截面的水平投影和侧面投影。e''、f'' 是椭圆与前后素线的切点。

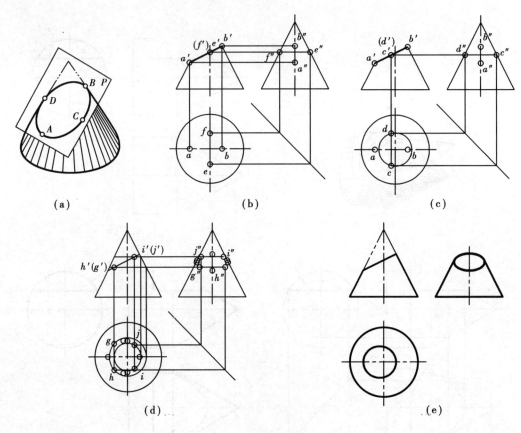

图 2.60　斜截圆锥

3. 截切圆球

任意方向的平面截切圆球,所得截面均为圆形。当截面与投影面处于平行、垂直和倾斜时,截面在相应投影面上的投影反映为圆,直线和椭圆。如图 2.61 所示为特殊位置平面截切圆球的情况。

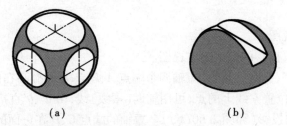

图 2.61　截切圆球

例 18　如图 2.61(b)为半球开槽,画三视图。

解　1)分析截切体

半球被两个侧平面与一个水平面截切形成切口,两侧平面截切形成两个相同对称的弓形截面 M,水平面截切形成两段弧与两平行线围成的截面 N。

2)分析截面

截面 M 为侧平面,在正面和水平面的投影积聚为竖直线,侧面的投影反映实形;截面 N 为水平面,在正面和侧面的投影积聚为水平直线,水平面的投影反映实形;切口在正面的投影积聚为上开口的矩形直线段。

3)画三视图

①画出半球的三视图。

②画出切口有积聚投影的图——主视图(如图 2.62(a))。

③作切口的水平投影,由"长对正"画出两对称截面的投影 m;在主视图中过 n'作辅助水平面截切半球形成水平圆,该圆在水平面的投影与两对称截面 m 形成四个交点,左右为竖直线,上下为圆弧(如图 2.62(b)),反映 N 面的实形,即得切口的水平投影。

④作切口的侧面投影,截面 N 在侧面的投影积聚为水平线;在主视图中过 m'作辅助侧平面截切半球形成侧平半圆,该半圆在侧面的投影与 n''相交形成弓形,即为截面 M 在侧面的投影 m'';注意:N 面与 M 面相交部分在侧面的投影为不可见轮廓线,用虚线画;而未相交部分画粗实线。

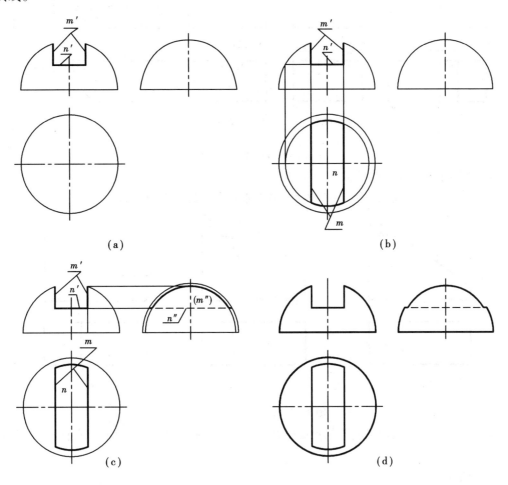

(a)　　　　　　　　　　(b)

(c)　　　　　　　　　　(d)

图 2.62　半球开槽

2.5.4　读截切体视图

根据立体的视图想象出立体的空间形状,称为读图。读截切体视图的基本方法是"线面分析"法。

1. 线面分析法

截切体的视图是由线段(直线、曲线)围成的各种形状的线框所组成。读图时,通过分析视图中有投影联系的线段和线框,想象截切体各表面的形状、空间位置以及表面间的相对位置关系,进而想象出截切体的形状。这种读图方法,称为"线面分析"法。

2. 视图中线段和线框的意义

(1)视图中的一根直线,可能是立体上一个表面的投影;也可能是立体上的棱线或素线的投影,如图 2.63(a)、(b)。

(2)视图中的一个线框,表示立体上的一个表面的投影。该表面可以是平面、曲面或由平面与曲面组成的复合面,如图 2.63(c)、(d)。

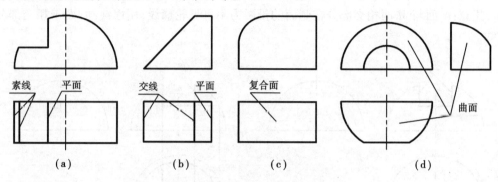

图 2.63 视图中直线及线框

(3)视图中相邻线框的意义

①立体上不同表面的投影,如图 2.64 中立体表面相交与不相交的关系。

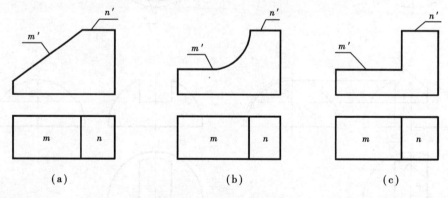

图 2.64 视图中相邻的线框

②表示立体上不同位置表面的投影,如图 2.65 中反映立体上各表面上下、前后、左右的位置关系。

3. 读图举例

例 19 如图 2.66(a),已知截切体的三视图,用线面分析法读图,想象出截切体的形状。

(1)分析截切体的三视图

从主视图中可知立体由正垂面截断和俯视图中看出立体又由相交的正平面与测平面截切形成切口;如果立体未有截断和切口,可还原成基本体——四棱柱(图 2.66(a))。

(2)分析正垂面 M

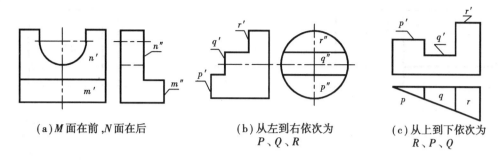

(a)M面在前,N面在后　　　　(b)从左到右依次为　　　　(c)从上到下依次为
　　　　　　　　　　　　　　　 P、Q、R　　　　　　　　　　 R、P、Q

图2.65　立体表面间的相对位置

截面 M 为正垂面,形状为多边形,在正面的投影积聚为斜线,水平面和侧面的投影为类似形,如图2.66(b)。

(3)分析切口——该切口由截面 N、P 组成

截面 N 为正平面,形状为直角梯形,在正面的投影反映实形;水平面的投影积聚为水平线;侧面的投影积聚为竖直线,如图2.66(c)。

截面 P 为侧平面,形状为矩形;在正面和水平面的投影积聚为竖直线;侧面的投影反映实形,如图2.66(d)。

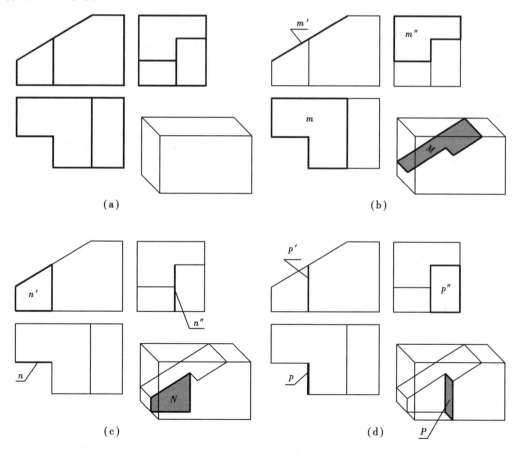

(a)　　　　　　　　　　　　　　　　　　(b)

(c)　　　　　　　　　　　　　　　　　　(d)

图2.66　用线面分析法读图

例20　已知截切体的主、左视图(图2.67(a)),补画俯视图。

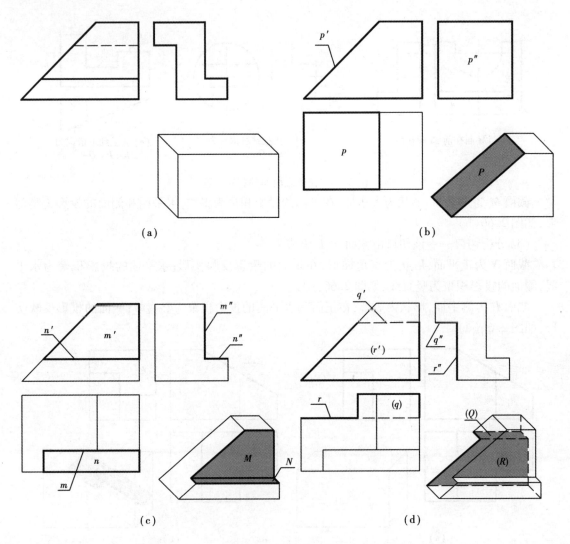

图 2.67　补画第三视图

解　1)分析已知的视图

从已知的主、左视图中可看出该截切体是由一正垂面截断和前上、后下切口形成的。所以、可还原成基本体——四棱柱(图 2.67(a))。

2)分析正垂面截断后形成的截面 P

截面 P 为正垂面,形状为矩形;正面的投影积聚为斜线;水平面和侧面的投影为类似形(图 2.67(b))。

3)分析立体前上方的切口

切口由相交的正平面与水平面截切形成的,即切口由截面 M、N 组成。

截面 M 为正平面,形状为直角梯形;水平面的投影积聚为水平线;侧面的投影积聚为竖直线;正面的投影反映实形。

截面 N 为水平面,形状为矩形;在正面和侧面的投影积聚为水平线;水平面的投影反映实形,如图 2.67(c)。

4)分析立体后下方的切口

切口由相交的正平面与水平面截切而形成,即切口由截面 R、Q 组成。分析过程同上,作图过程如图2.67(d)。

例21 如图2.68(a)用正垂面截切槽钢,在截切体的视图中补画缺漏的图线。

解1 1)分析已知条件

截切体是槽钢被正垂面截断形成凹字形截面 P;截断后的矩形槽由两对称的直角梯形 M、M_1 及矩形面 N 组成;左视图为完整视图,需在主、俯视图中补画截面或槽口的投影。

2)分析截面

截面 P 为正垂面,在正面的投影积聚为斜线,水平面和侧面的投影为类似形。

3)根据三视图的投影规律先在主视图中补画槽底 N 的投影(虚线),再作截面 P 的水平投影 p(图2.68(b))。

解2 1)分析已知条件(同上)

2)分析切口

由两对称的侧平面与水平面相交并截切形成切口;两对称侧平面截切形成直角梯形截面 M、M_1,水平面截切形成矩形截面 N。

3)由主、左视图高平齐作切口的正面投影,补画水平虚线(n')。

4)根据三视图投影规律补画切口的水平投影 m、m_1 和 n,如图2.68(c)。

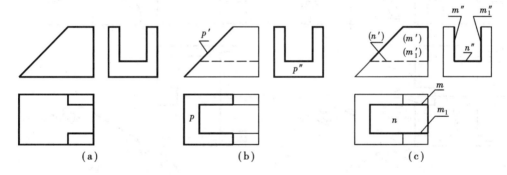

图2.68 补画视图中缺漏的图线

例22 已知截切体的左视图和不完整的主、俯视图(如图2.69(a)),补全主、俯视图。

解 1)由已知主、左视图分析半圆管左上方的切口

切口由相交的水平面与侧平面截切形成,水平面截切形成两个矩形截面 M、M_1;侧平面截切形成弓形圆环截面 N。

截面 M、M_1 为水平面,在正面和侧面的投影积聚为水平线 m'、m'' 和 m_1'、m_1'',水平面的投影 m、m_1 反映实形,如图2.69(b)。

截面 N 为侧平面,在正面和水平面的投影积聚为竖直线 n'、n,侧面的投影 n'' 反映实形。

2)分析半圆管右上方的槽口

槽口由两正平面与侧平面截切形成矩形槽。两正平面截切形成两对称的矩形截面 P、P_1;侧平面截切形成一小段环形截面 Q。

截面 P、P_1 为正平面,在水平面和侧面的投影积聚为水平线 p、p_1 和竖直线 p''、p_1'';正面的投影 p'、p_1' 反映实形并重影在同一个线框上(图2.69(c))。

截面 Q 为侧平面,在正面和水平面的投影积聚为竖直线 q'、q;侧面的投影 q'' 反映实形。

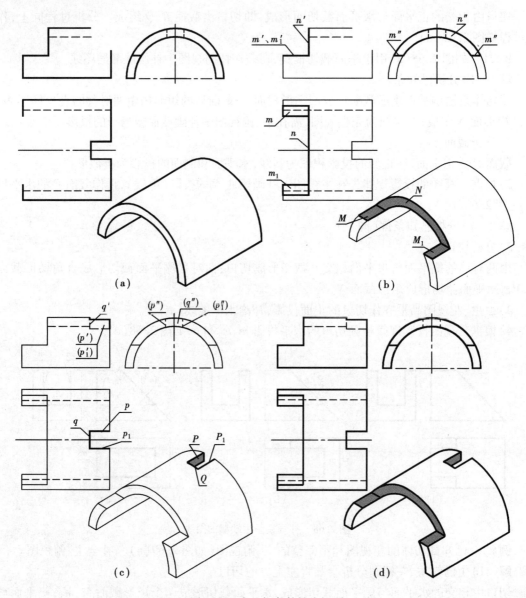

图 2.69　由已知条件补全视图

2.5.5　截切体的尺寸标注

尺寸标注应正确、完整、清晰,并符合国家标准的规定。

1. 尺寸基准——标注尺寸的起点称为尺寸基准。截切体一般以底面、端面、棱线或回转体的素线、轴线、中心线等作为尺寸基准(如图 2.70(a))。

2. 截切体的尺寸种类

(1)定形尺寸——确定截切体长、宽、高的大小尺寸。

(2)定位尺寸——确定截面相对位置的尺寸。

3. 标注截切体尺寸的方法和步骤

(1)标注基本体的长、宽、高(图例中省略标注)。

（2）标注截面或切口的定位尺寸（图 2.70、2.71）。

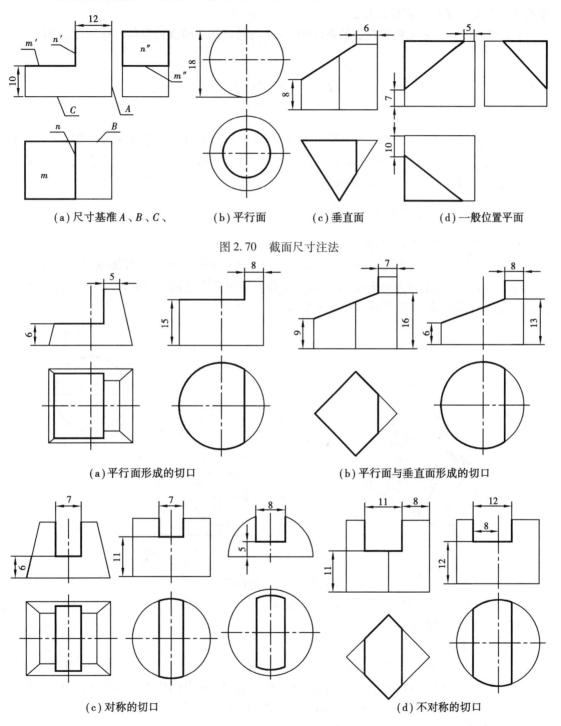

（a）尺寸基准 A、B、C、 （b）平行面 （c）垂直面 （d）一般位置平面

图 2.70 截面尺寸注法

（a）平行面形成的切口 （b）平行面与垂直面形成的切口

（c）对称的切口 （d）不对称的切口

图 2.71 切口尺寸注法

（a）截面为平行面时——在积聚投影的视图中，标注截面与尺寸基准的一个定位尺寸。

（b）截面为垂直面时——在积聚投影的视图中，标注截面与尺寸基准的两个定位尺寸。

（c）截面为一般位置平面时——因其投影均为类似形，在长、宽、高方向标注截面与尺寸基准的三个及三个以上定位尺寸。

（d）切口尺寸——在积聚投影的视图中，标注与切口相关截面的定位尺寸如图2.71。

2.6 相 贯 线

一个立体贯穿于另一立体，称为相贯体，相贯体表面的交线称为相贯线。相贯线是相贯两立体表面的公有线，是无穷个点的集合。因此，求相贯线的投影就是求该线上公有点的投影。本节讨论与回转体有关的常见的相贯线画法。

2.6.1 两圆柱正交时的相贯线画法

1. 异径两圆柱正交时的相贯线

如图2.72所示，大、小圆柱的轴线正交，大圆柱轴线为侧垂线，小圆柱轴线为铅垂线；且相贯线是前后、左右对称的空间曲线，水平投影重影在俯视图中的圆上，侧面投影重影在大、小圆柱面交集的一段圆弧上，正面投影重影为曲线。

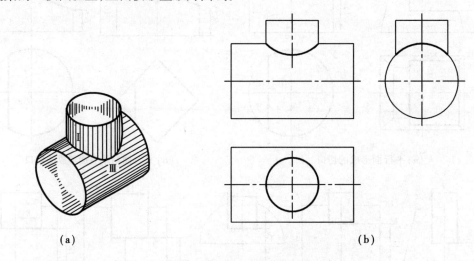

（a）　　　　　　　　　　　　　（b）

图2.72　异径二圆柱正交

例23　如图2.73（a），作相贯线的正面投影。

解1　用求点法画相贯线

（1）求特殊点

如图2.73（b），相贯线上前、后、左、右四点Ⅰ、Ⅱ、Ⅲ、Ⅳ；Ⅲ、Ⅳ为最低点，Ⅰ、Ⅱ是大圆柱最上边一条素线与小圆柱最左、最右边素线的交点；在俯、左视图中直接作出1、2、3、4和1″、2″、3″、4″；由点的投影规律求出点的正面投影1′、2′、3′、4′。

（2）求一般点

在相贯体的前半部取Ⅴ、Ⅵ两点，先作出水平面和侧面的投影5、6和5″、6″，再求正面投影5′、6′。

（3）依次光滑连接各点，即得相贯线的正面投影。

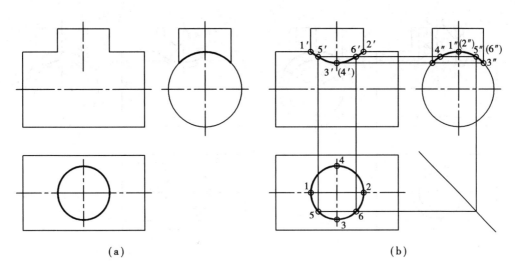

图 2.73 求点法画相贯线

解 2 用近似法画相贯线

(1)确定弧心——以两圆柱特殊位置素线的交点 Ⅰ(或 Ⅱ)为圆心,取大圆柱半径画弧与小圆柱轴线的交点即弧心 O(图 2.74(a))。

(2)以 O 为弧心 R 为半径画弧,即得相贯线(图 2.74(b))。

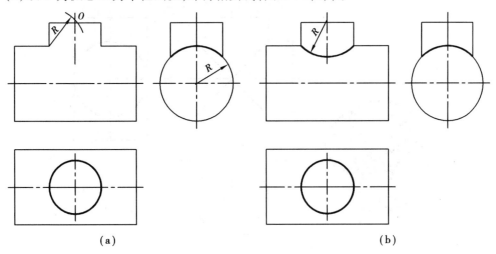

图 2.74 近似法画相贯线

例 24 如图 2.75,用近似法画三通管的相贯线。

解 (1)画外表面的相贯线

以大圆管外表面最上边的素线与小圆管外表面最左、最右边素线的交点为圆心,取大圆管外半径 R 画弧与小圆管轴线交于 O,再以 O 为弧心 R 为半径画弧,即得外表面相贯线。

(2)画内表面的相贯线

以大圆管内表面最上边的素线与小圆管内表面最左、最右边素线的交点为圆心,取大圆管内半径 R_1 画弧与小圆管轴线交于 O_1,再以 O_1 为弧心 R_1 为半径画(虚线)弧,即得内表面相贯线。

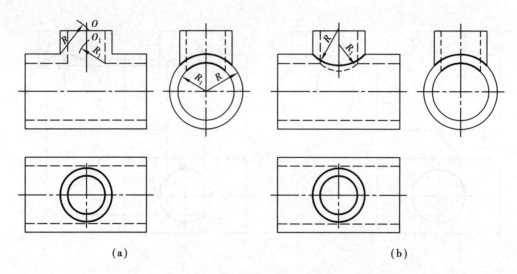

(a)   (b)

图 2.75   三通管的相贯线

2. 等径两圆柱正交时的相贯线

如图 2.76 的相贯线为两个相互垂直的椭圆。本例中的两椭圆为正垂面,在正面的投影积聚为两条垂直的斜线,其交点与两圆柱轴线的交点重合;而两椭圆在水平面和侧面的投影分别积聚在俯、左视图的圆上。

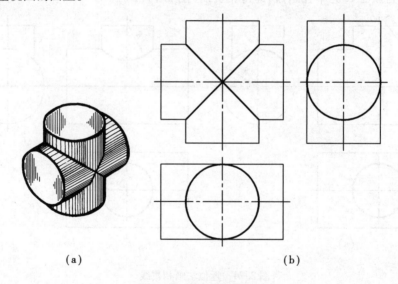

(a)   (b)

图 2.76   等径两圆柱正交

如图 2.77 为等径两圆孔正交时,内表面相贯线画法。

2.6.2   立体相贯的几种特殊形式

1. 圆柱上的凸台

如图 2.78 为圆柱上的矩形凸台和 U 形凸台。

2. 圆管穿孔及开槽

如图 2.79 为圆管穿孔和开 U 形槽。

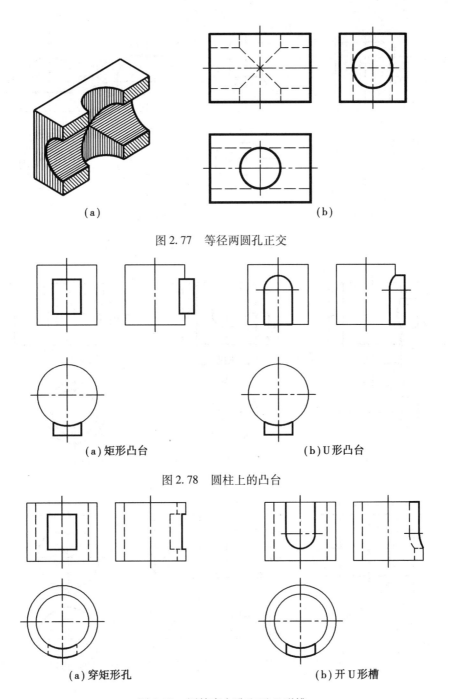

（a）　　　　　　　　　　　　　　　（b）

图 2.77　等径两圆孔正交

（a）矩形凸台　　　　　　　　　　　（b）U 形凸台

图 2.78　圆柱上的凸台

（a）穿矩形孔　　　　　　　　　　　（b）开 U 形槽

图 2.79　圆筒穿方孔和开 U 形槽

3. 回转体平行轴线及同轴相贯

如图 2.80(a)为两圆柱平行相贯,图 2.80(b)为同轴相贯。

2.6.3　相贯体的尺寸标注

尺寸标注如图 2.81 所示。

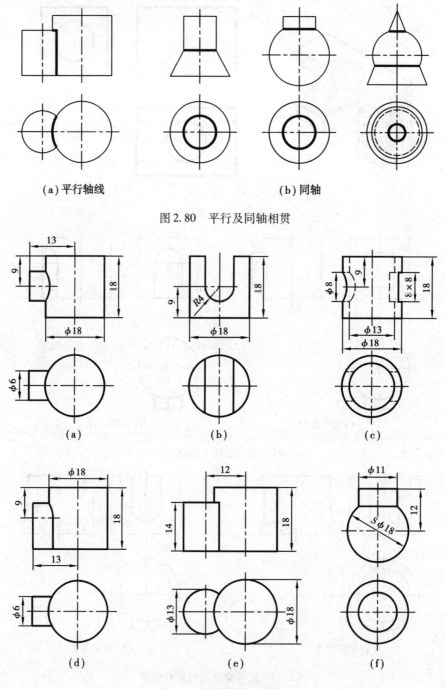

(a) 平行轴线　　　　　　　　　　　　(b) 同轴

图 2.80　平行及同轴相贯

(a)　　　　　　　　(b)　　　　　　　　(c)

(d)　　　　　　　　(e)　　　　　　　　(f)

图 2.81　相贯体的尺寸标注

2.7　组 合 体

由若干个基本体或截切体按一定的方式组成的立体称为组合体(如图 2.82)。

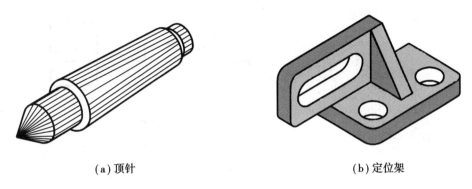

（a）顶针　　　　　　　　　　　　　（b）定位架

图 2.82　组合体

2.7.1　组合体的分析方法及表面连接关系

1. 形体分析法

为了方便组合体的画图、读图和标注尺寸,假想将组合体分解为若干个组成部分(若干个基本体或截切体),并分析各组成部分的形状、相对位置关系和表面连接关系,达到全面了解组合体的形状和结构,这种分析方法称为形体分析法。

如图 2.83 为轴承座,可分解为底板、圆筒、支承板和肋板四部分。

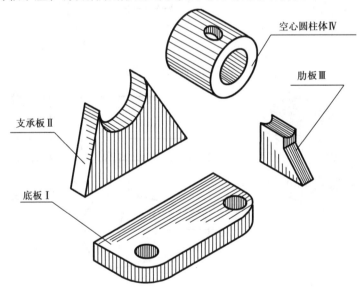

图 2.83　形体分析

2. 组合体表面的连接关系

组合体各组成部分表面间的连接关系可分为平齐与不平齐、相切与相交四种情况:

（1）两表面平齐,中间无分界线。

（2）两表面不平齐,中间应画分界线。

（3）两表面相切时,相切处不画分界线。

（4）两表面相交,相交处应画交线。

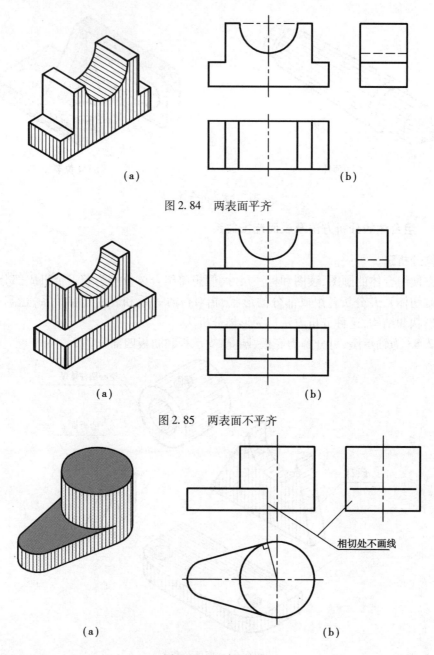

图 2.84 两表面平齐

图 2.85 两表面不平齐

相切处不画线

图 2.86 两表面相切

2.7.2 组合体的三视图画法及尺寸标注

1. 组合体的三视图画法

（1）形体分析——根据组合体的结构特点进行形体分析,将图 2.88(a)的组合体分解为三个组成部分:切口圆筒、连接板和肋板(如图 2.88(b))。

（2）确定主视图

主视图应反映组合体的结构、形状特征和工作位置,尽可能做到画图简便、读图容易。如

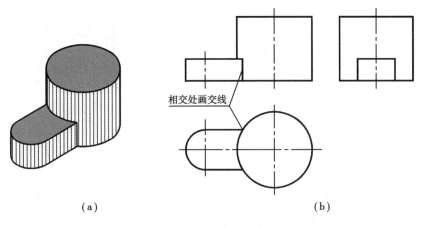

（a）　　　　　　　　　　　　　　　（b）

图 2.87　两表面相交

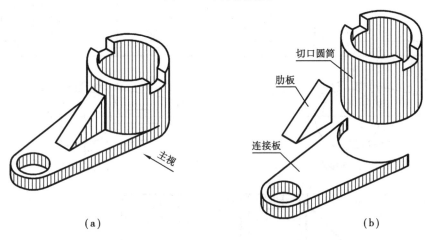

（a）　　　　　　　　　　　　　　　（b）

图 2.88　形体分析

图 2.88（a）中按箭头指向确定主视图的投影方向；主视图确定后，俯、左视图的投影方向也就随之确定。

（3）画三视图

作图步骤如图 2.89（a）、（b）、（c）、（d）、（e）所示。

2. 组合体的尺寸标注

尺寸标注应符合国家标准的规定。组合体一般以对称平面、底面、端面或回转体的轴线、中心线等作为尺寸基准。

（1）组合体的尺寸种类

①定形尺寸——确定组合体各组成部分形状大小的尺寸。

②定位尺寸——确定组合体各组成部分之间相对位置的尺寸。

③总体尺寸——确定组合体总长、总宽和总高的尺寸。

（2）标注组合体尺寸的方法和步骤

以图 2.89 为例，讨论尺寸标注的方法和步骤。

①形体分析——明确各组成部分的形状尺寸和位置尺寸，如图 2.90（a）、（b）、（c）。

②确定尺寸基准——如图 2.90（d）中表示长、宽、高方向的基准为 A、B、C。

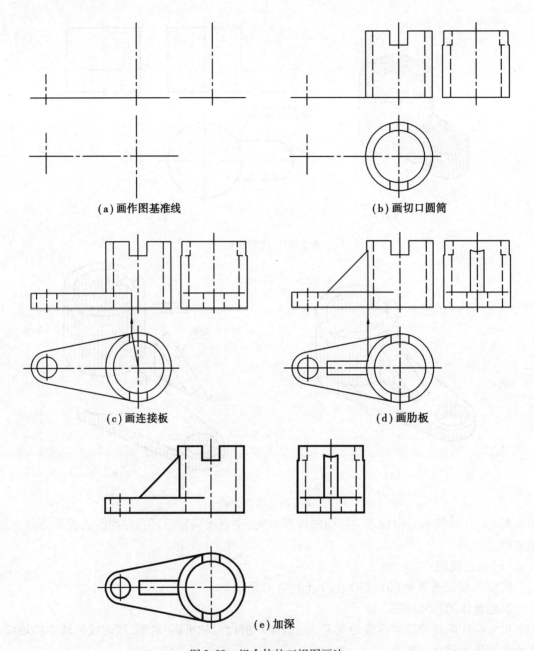

(a) 画作图基准线　　　　　　　　(b) 画切口圆筒

(c) 画连接板　　　　　　　　　　(d) 画肋板

(e) 加深

图 2.89　组合体的三视图画法

③在组合体三视图上标出各组成部分的尺寸时,按圆筒、连接板和肋板的顺序标注。

④注意尺寸协调,如肋板长为12,在图中标注肋板左端到 A 基准的尺寸22;对三个组成部分的 $\phi20$ 不能重复标注。

⑤标注总体尺寸——长为 $27 + R5 + \phi20/2$ 不便直接标出,宽为 $\phi20$、高为19。

2.7.3　读组合体视图

根据组合体视图想象组合体形状时,仍然采用形体分析法将组合体分解成若干个组成部分,想象出各组成部分的形状,经过综合、归纳想象出组合体的完整形状。对于组合体上的某

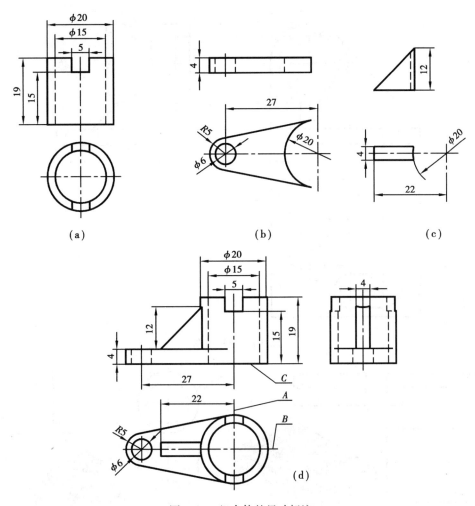

图 2.90　组合体的尺寸标注

些结构,不便于用形体分析法看图时,采用截切体中的线面分析法。

例 25　如图 2.91 为组合体的三视图,用形体分析法读图。

解　(1)根据投影对应关系,将视图中对应的线框分成 Ⅰ,Ⅱ,Ⅲ,Ⅳ四个组成部分,如图 2.91。

(2)想象各组成部分的形状(图 2.92(a)、(b)、(c)、(d)、(e))

①形体 Ⅰ——底板

在四棱柱的左下部从前向后切口,并在左前部从上至下穿腰子孔形成。

②形体 Ⅱ——三通圆管

③形体 Ⅲ——支承板

④形体 Ⅳ——肋板

(3)综合、归纳想象出该组合体完整的形状,如图 2.92(e)。

例 26　如图 2.93(a)所示,已知组合体的主、俯视图,补画左视图。

解　(1)根据投影对应关系,在已知的主、俯视图中将有对应关系的线框分为 Ⅰ、Ⅱ、Ⅲ 三个组成部分。

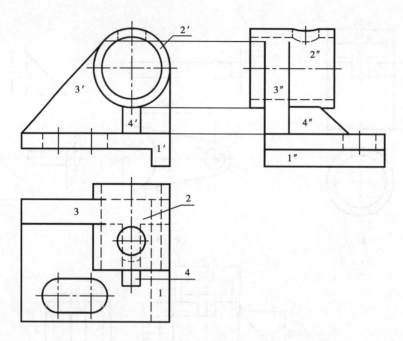

图 2.91　分析视图

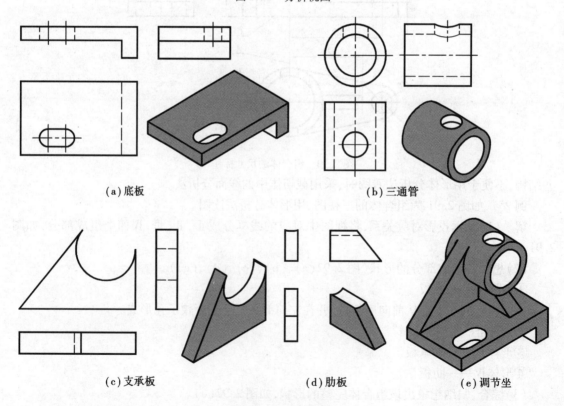

(a)底板　　　　　　　　　(b)三通管

(c)支承板　　　　　　(d)肋板　　　　　　(e)调节坐

图 2.92　读图步骤

(2)想象各组成部分的形状,分别画出左视图:

①画形体Ⅰ——底板(图(b))

在四棱柱前方倒圆角及从上至下穿两个对称的圆孔而形成。

②画形体Ⅱ——调节板(图(c))

在四棱柱的左端倒圆角及从前向后穿腰子孔形成。

③画形体Ⅲ——肋板(图(d))

(3)想象出组合体完整的形状(图(e))。

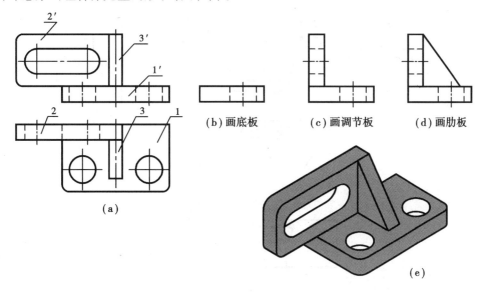

图 2.93　补画左视图

2.8　图样画法

绘制图样时,应根据机件的结构特点,选用适当的图样画法,在完整、清晰地表达机件形状的前提下,力求制图简便,为达到这一目的,本节将在三视图的基础上,介绍一些常用的图样画法。

2.8.1　视图

机件向投影面投影所得图形,称为视图。常用的有基本视图、向视图、局部视图和斜视图。

1. 基本视图

见图 2.94,将机件置于正六面体中,分别向六个表面投影所得图形,称为基本视图。六个表面为基本投影面。

展开过程如图 2.94,规定正面不动,将其他表面按箭头方向展开。

基本视图的名称及配置如图 2.95。在一张图纸上,按规定位置配置的视图,一律不标注视图名称。

2. 向视图

若需要将视图平移到其他位置,而不能按图 2.95 配置视图时,应在配置的视图上方标注视图的名称"×"("×"为大写拉丁字母),称为向视图。在相应视图附近用箭头指明投影方

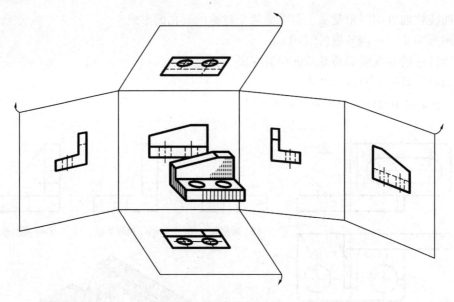

图 2.94　基本投影面的展开

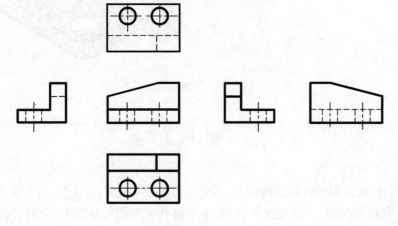

图 2.95　基本视图

向,并注写相同的字母,如图 2.96。

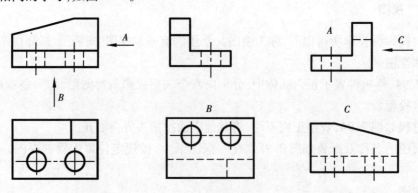

图 2.96　向视图

3. 局部视图

将机件的局部向基本投影面投影所得视图,称为局部视图(如图 2.97)。

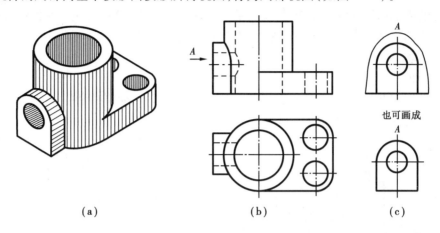

图 2.97　局部视图

画局部视图时,一般在局部视图上方标注视图名称"×",在相应视图附近用箭头指明投影方向,并注上相同字母。当局部视图按投影关系配置时,中间又没有其他视图隔开时,可省略标注。

局部视图的断裂边界用细波浪线(或细双折线)表示。

4. 斜视图

机件向不平行于基本投影面的平面投影所得的视图,称为斜视图。如图 2.98,为了表达机件上倾斜部分的真实形状,可增加一个与倾斜部分平行的辅助平面 P,然后将倾斜部分向 P 面投影,即得到反映该部分实形的斜视图。

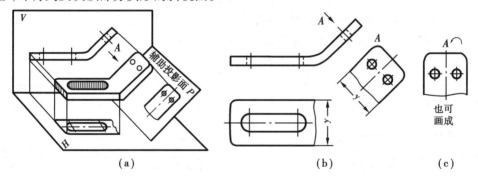

图 2.98　斜视图

画斜视图时,必须在视图的上方标注视图名称"×",在相应视图旁用箭头指明投影方向,并注上相同的字母(如图 2.98(b))。

斜视图一般按向视图的配置形式配置和标注。必要时,允许将斜视图旋转配置,这时,表示该视图名称的大写字母应靠近旋转符号的箭头端,如图 2.98(c),也可将旋转角度标注在字母之后,如"$A30°⌒$"。旋转符号的方向应与图形的实际旋转方向一致。

斜视图的断裂边界用细波浪线(或细双折线)表示。

2.8.2 剖视图

当机件的内部结构形状较复杂时,视图中会出现许多虚线,给看图和尺寸标注带来困难。为了清晰地表达机件的内部形状,采用国标规定的剖视图来表达。

1. 基本概念

(1)剖视图

假想用剖切面剖开机件,将观察者与剖切面之间部分移去,而将其余部分向投影面投影所得图形,称为剖视图,简称剖视,如图2.99。

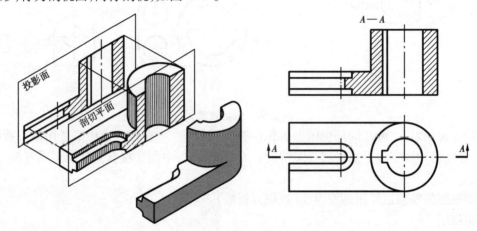

图2.99 剖视图

(2)剖面符号

在剖视图中,剖切面与机件相接触的面称为剖面,应画上剖面符号。剖面线一般以45°细实线绘制,当机件倾斜部分的轮廓线等于或接近45°时,可将图中的剖面线画成30°或60°的平行线。同一机件的各个剖面,其剖面线的方向及间隔应一致。

表2.8 剖面符号

金属材料(已有规定剖面符号者除外)		型砂、填砂、粉末冶金、砂轮、陶瓷刀片、硬质合金刀片等		木材纵剖面	
非金属材料(已有规定剖面符号者除外)		钢筋混凝土		木材横剖面	
转子电枢变压器和电抗器等的叠钢片		玻璃及供观察用的其他透明材料		液体	
线圈绕组元件		砖		木质胶合板(不分层数)	
混凝土		基础周围的泥土		格网(筛网、过滤网)	

（3）剖视图的标注

画剖视图时，一般应在相应视图上画出剖切位置，箭头指明投影方向，标注大写字母表示剖视图名称。同时在相应剖视图上方注写相同的字母"×—×"如图 2.99。

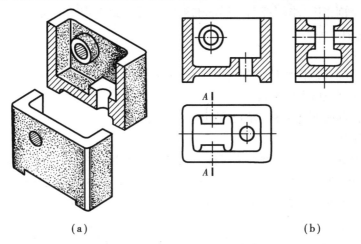

（a）　　　　　　　　　　　　　　　　　　　　（b）

图 2.100　全剖视图

当剖视图按投影关系配置，中间又没有其他视图隔开时，可省略箭头，如图 2.100 的 A—A 全剖左视图。

当单一剖切面通过机件的对称面或基本对称平面，且剖视图按投影关系配置，中间无其他视图隔开时，可省略标注，如图 2.100 的全剖主视图。

表 2.9　画剖视图注意的问题

正	误	说　明
		1. 假剖切，其他视图应完整画出 2. 不能漏画机件可见表面和轮廓线的投影 3. 同一机件的剖面线方向、间距应一致
		1. 可省略的虚线不应画出 2. 剖视图中不能有移去部分的轮廓线
		机件上的肋板或轮辐等，纵向剖切时，不画剖面符号，并用粗实线画出分界线

77

（4）画剖视图应注意的问题

表2.9中列出了画剖视图时易犯的一些错误,画图时应特别注意。

2. 剖视图的种类

剖视图分为全剖视图、半剖视图和局部剖视图三种。画剖视图时应根据机件的不同形状特点,选用适当的剖视种类。

（1）全剖视图

用剖切面完全剖开机件所得的剖视图,称为全剖视图。全剖视图一般用于表达外形简单、内部形状复杂的机件,如图2.100。

全剖视图应按前面所述剖视图的标注方法进行标注。

（2）半剖视图

当机件具有对称平面时,向垂直于对称平面的投影面上投影所得的图形,以对称中心线为界,一半画成剖视图,另一半画成视图,如图2.101。当机件的形状接近对称,且不对称部分在其他图中以表达清楚时,也可采用半剖视图。

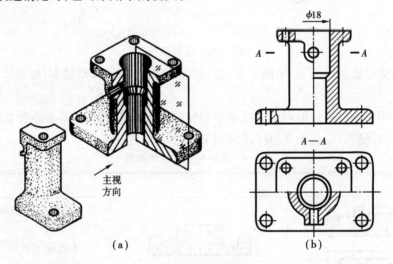

图2.101　半剖视图

画半剖视图注意事项:

①一半外形视图与一半剖视图以对称中心线分界,不能画成粗实线。

②在一半外形视图中,不应再用虚线画出已经在另一半剖视图中表示清楚的内部形状。

③半剖视图的标注方法与全剖视图相同。

（3）局部剖视图

用剖切面局部剖开机件所得的剖视图,称为局部剖视图,如图2.102。

画局部剖视图注意项:

①局部剖视图以波浪线为分界线;剖切位置和剖切范围的大小视需要而定。

②局部剖视图的标注与前两种剖视图相同。

3. 剖切面

根据机件的结构特点,国家标准规定可以选择下列三种剖切面剖开机件:

（1）单一剖切面

单一剖切面一般用平面剖开机件,也可用曲面剖开机件(本书不作介绍)。剖切平面通常

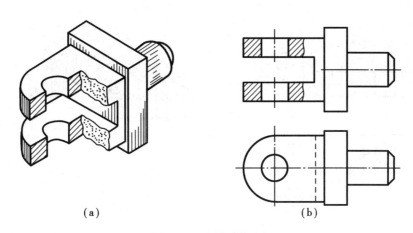

（a）　　　　　　　　　　　　（b）

图 2.102　局部剖视图

平行于基本投影面,也可以不平行于基本投影面。

①平行于基本投影面的单一剖切平面

前面介绍的全剖视图、半剖视图和局部剖视图都是用平行于基本投影面的单一剖切平面剖开机件所得剖视图,是最常见的剖视图。

②不平行于基本投影面的单一剖切平面

采用这种斜剖切平面,主要用于表达机件上倾斜结构的内部形状。如图 2.103(a),用一不平行于基本投影面的正垂面 A 剖开机件,然后将倾斜部分向平行于斜剖面的辅助投影面投影,得到用单一剖切面剖切的全剖视图,如图 2.103(b)。

画斜剖视图最好按箭头所指方向配置,使其与基本视图保持一致的投影关系。标注格式必须按图 2.103(b)所示。必要时,允许将图形旋转配置,但应标注"×—×⌢",如图 2.103(c)。

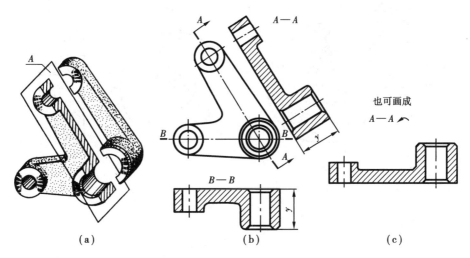

（a）　　　　　　　　（b）　　　　　　　　（c）

图 2.103　单一斜剖的全剖视图

（2）几个平行的剖切平面

当机件的内部结构层次较多,用单一剖切平面不能将机件的各内部结构都剖切到,这时采用几个平行的剖切平面。如图 2.104。

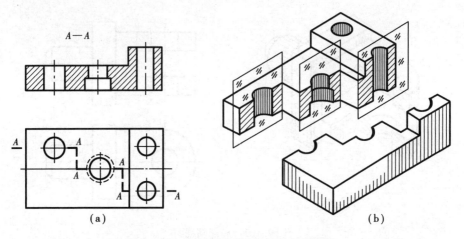

图 2.104　几个平行平面剖切的全剖视图

画图时应注意：

①剖视图上不能画出剖切平面转折处的投影，同时剖切平面的转折处也不应与视图的轮廓线重合。

②剖视图中不应出现不完整的结构要素。

③剖视图必须标注，格式如图 2.104（a）所示。

（3）几个相交的剖切面（交线垂直于基本投影面）

图 2.105（a），当机件上的孔、槽等结构沿机件的某一回转轴线分布时，采用几个相交于回转轴线的剖切平面剖开机件，然后将倾斜的剖切平面剖开的结构及相关部分一起旋转到与选定的基本投影面平行时再进行投影。投影时，位于倾斜剖切平面后面的其他结构一般按原来位置投影，如图 2.105（b）。

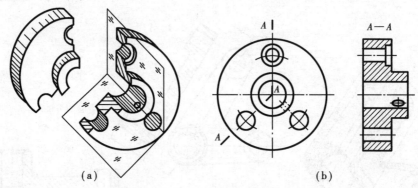

图 2.105　几个相交平面剖切的全剖视图

2.8.3　断面图

假想用剖切面将机件的某处截断，仅画出该剖切面与机件接触部分的图形，称为断面图，简称断面。如图 2.106。

断面图的种类

断面图分为移出断面图和重合断面图两种。

（1）移出断面图

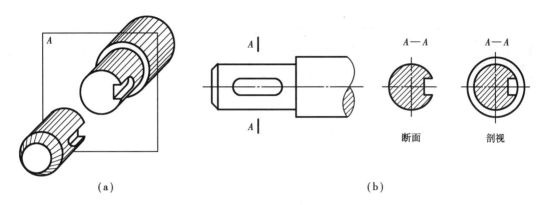

（a） （b）

图 2.106 断面图

画在视图之外的断面图,称为移出断面图。其轮廓线用粗实线绘制(图 2.107)。

移出断面应尽量配置在剖切符号或剖切线(剖切面与投影面的交线)的延长线上。

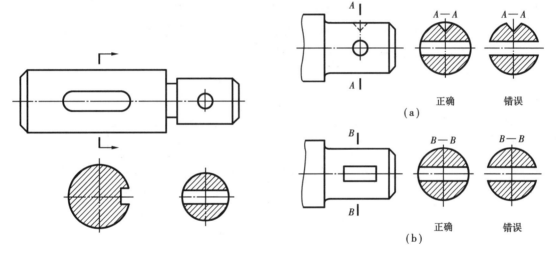

图 2.107 移出断面 图 2.108 按剖视绘制的移出断面

断面画法的几项规定:

①当剖切平面通过由回转面形成的孔或凹坑的轴线时,这些结构按剖视图绘制(图 2.108(a))。

②当剖切平面通过非圆孔会导致出现完全分离的两个断面时,这些结构按剖视图绘制(图 2.108(b))。

③由两个或多个相交的剖切平面剖切得出的移出断面,中间一般应断开(图 2.109)。

移出断面图一般应标注,其标注格式与剖视图相同。根据断面图是否对称及配置位置的不同,可以简化或省略标注,见表 2.10。

图 2.109 两个相交平面剖切
的移出断面

表 2.10　移出断面图的标注

断面形状　断面配置		对称的移出断面	不对称的移出断面
在剖切符号或剖切线的延长线上		不必标注	省略字母
不在剖切符号的延长线上	按投影关系配置	省略箭头	省略箭头
	不按投影关系配置	省略箭头	标注全部内容(剖切符号、字母及箭头)

（2）重合断面图

将断面图画在视图之内，轮廓线用细实线绘制，如图 2.110。

当视图中的轮廓线与重合断面图重叠时，视图中轮廓线应连续画出，不可间断（图2.110(b)）。

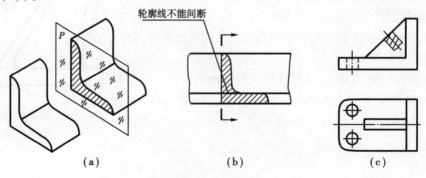

（a）　　　　　　　　（b）　　　　　　　　（c）

图 2.110　重合断面图

不对称的重合断面应标注剖切符号表示剖切位置,箭头指明投影方向。对称的重合断面不须标注。

2.8.4 其他表达方法

1. 局部放大图

将机件上局部的细小结构,用大于原图形所采用的比例所画的图形,称为局部放大图(图2.111)。局部放大图可画成视图、剖视图或断面图。画图时用细实线圈出放大部位,并按规定格式标注。

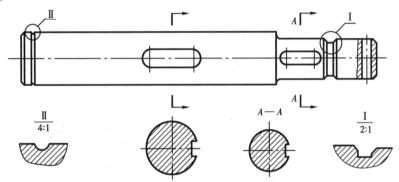

图 2.111 局部放大图

2. 简化画法

(1)相同结构要素的简化画法

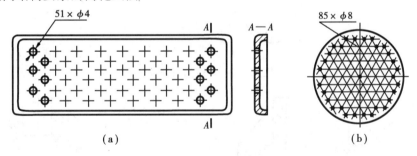

图 2.112 相同结构要素的简化画法

当机件上具有若干相同结构(如孔、槽等),并按一定规律分布时,只需画出几个完整的结构,其余用细实线相连或用细点画线标明位置,并注明总数(图2.112)。

(2)较长的机件(轴、杆等)沿长度方向的形状一致或按一定规律变化时,可断开后缩短绘制(图2.113)。

(3)机件上对称结构的局部视图可按图2.114的方法绘制。

(4)回转机件上平面的表示,如图2.115。

(5)在不致引起误解时,允许省略移出断面的剖面符号(图2.116)。

(6)当回转机件上均匀分布的肋、轮辐、孔等结构不位于剖切平面上时,可将这些结构旋转到剖切平面上画出(图2.117)。

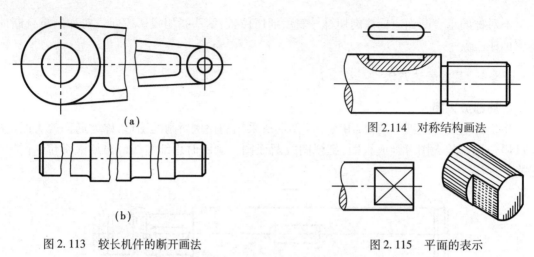

（a）

（b）

图 2.113 较长机件的断开画法

图 2.114 对称结构画法

图 2.115 平面的表示

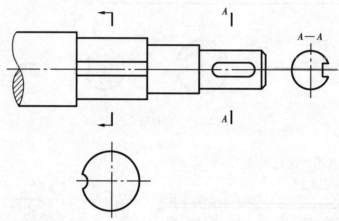

图 2.116 省略剖面符号

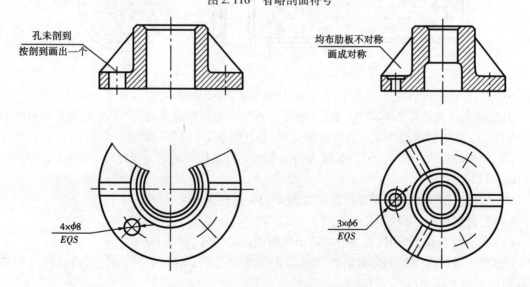

孔未剖到
按剖到画出一个

均布肋板不对称
画成对称

4×φ8
EQS

3×φ6
EQS

图 2.117 均布的肋、轮辐及孔的画法

第**3**章
机 械 图

机械图是涉及有关机械零件和设备的图样。本章介绍标准件与常用件、零件图和装配图。

3.1 标准件和常用件

标准件和常用件是工业生产的机械、仪器等产品中可以通用的零件。如螺纹联接件、齿轮、键、销、弹簧及滚动轴承等。除弹簧外,它们的主要结构及尺寸都已标准化,且都有规定画法和代号。

3.1.1 螺纹及螺纹联接件

1. 螺纹

(1)螺纹的形成

图3.1 在车床上车削螺纹。当圆柱体绕自身轴线作匀速旋转运动,同时车刀沿轴线方向作匀速直线运动时,车刀切入圆柱体一定深度而形成螺纹。

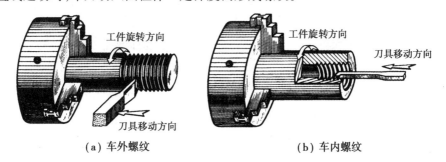

(a)车外螺纹　　　　　　　　　　(b)车内螺纹

图3.1　车削螺纹

(2)螺纹的要素

①牙型

过螺纹轴线剖切螺纹时得到的牙齿轮廓形状称为牙型。常见牙型有三角形、梯形、锯齿形和矩形等(图3.2)。

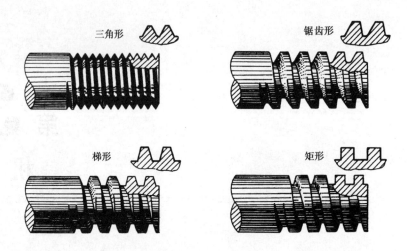

图3.2　螺纹的牙型

②直径

如图3.3,螺纹直径分为大径、小径和中径。

大径——是与外螺纹牙顶或与内螺纹牙底相重合的假想圆柱面的直径(d、D)。该直径又称为公称直径。

小径——是与外螺纹牙底或与内螺纹牙顶相重合的假想圆柱面的直径(d_1、D_1)。

中径——位于牙顶与牙底之间的假想圆柱面的直径(d_2、D_2)。

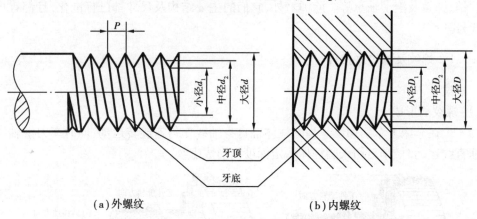

(a)外螺纹　　　　　　　　　　　　　(b)内螺纹

图3.3　螺纹直径

③螺距 P

相邻两牙位于中径线上对应点之间的轴向距离称为螺距(图3.4(a)、(b))。

④线数 n

圆柱面上螺纹的条数称线数。圆柱面上只作一条螺纹时称为单线螺纹(常见),两条以上称为多线螺纹(图3.4(a)、(b))。

⑤导程 P_h

同一螺纹上的相邻两牙位于中径线上两对应点之间的距离称为导程(图3.4(a)、(b))。

⑥旋向

内、外螺纹旋合时,工件旋进的方向称为旋向(图3.4(c)、(d))。当顺时针旋入时为右旋

（常用），反之为左旋。右旋不标注，左旋标注 *LH*。

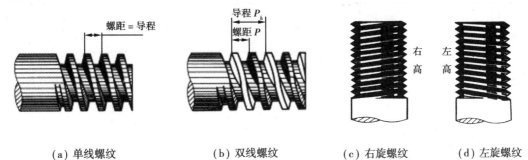

(a) 单线螺纹　　　　(b) 双线螺纹　　　　(c) 右旋螺纹　　　(d) 左旋螺纹

图 3.4　螺纹的螺距、线数、导程、旋向

（3）螺纹的规定画法

①内、外螺纹的规定画法

内、外螺纹在视图、剖视图和断面图中的各种画法见表 3.1。

表 3.1　内、外螺纹的画法

各种表达情况	外螺纹的画法	内螺纹的画法	
		穿孔的内螺纹	不穿孔的内螺纹
不剖时	牙底线画入倒角部分　牙顶线用粗实线表示　牙底线用细实线表示　螺纹终止线用粗实线表示		
剖切时	剖开后螺纹终止线画粗实线	牙底线用细实线表示　螺纹终止线　牙底线画入倒角　牙顶线用粗实线表示　剖面线画到粗实线为止	120°　螺孔深度　钻孔深度
		剖面线画到粗实线为止	

a）外螺纹画法

大径和螺纹终止线用粗实线表示，小径用细实线表示且画入倒角内。在投影为圆的视图中，小径用约 3/4 圈的细实线圆表示，倒角圆省略不画。

b）内螺纹画法

大径用细实线表示，小径和终止线用粗实线表示，剖面线应画至粗实线。在投影为圆的视图中，大径用约 3/4 圈的细实线圆表示，倒角圆省略不画。当螺纹不可见时，大、小径均用虚线表示。

表 3.2　常用螺纹的类别、代号与标注

螺纹类别		外形图	特征代号	标记方法	标注图例	说　明
联接螺纹	粗牙普通螺纹	牙型为三角形 牙型角60°	M	M12—6h—S 短旋合长度代号 外螺纹中径和顶径（大径）公差带代号 公称直径（大径） 螺纹特征代号	M12—6h—S	用于一般零件间的紧固联接 粗牙普通螺纹不标注螺距 细牙普通螺纹必须标注螺距 旋回长度分长（L）、中（N）、短（S），中等旋合长度不标注
	细牙普通螺纹			M20×2LH—6H 内螺纹中径和顶径（小径）公差带代号 左旋 螺距 公称直径 螺纹特征代号	M20×2LH—6H	
	非螺纹密封的管螺纹	牙型为三角形 牙型角55°	G	G1A 外螺纹公差等级代号 尺寸代号 螺纹特征代号	G1　　G1A	用于联接管道 外螺纹公差等级代号有A，B两种，内螺纹公差等级仅一种，不必标注其代号
	用螺纹密封的管螺纹	1:16　55° 牙型为三角形 牙型角55°	R_C R_P R	R　　1/2 尺寸代号 螺纹特征代号	R1/2　　R_C1/2	圆锥内螺纹螺纹特征代号——R_C；圆柱内螺纹螺纹特征代号——R_P；圆锥外螺纹螺纹特征代号——R
	圆锥管螺纹	1:16　60° 牙型为三角形 牙型角60°	NPT	NPT3/4 尺寸代号 螺纹特征代号	NPT3/4	用于中、高压液压、气压系统的管道联接
传动螺纹	梯形螺纹	牙型为等腰梯形 牙型角30°	Tr	Tr22×10（P5）—7e—L 长旋合长度代号 外螺纹中径和顶径公差带代号 螺距 导程 公称直径（大径） 螺纹特征代号	Tr22×10(P5)—7e—L	梯形螺纹螺距或导程必须标注

②内、外螺纹的旋合画法

内、外螺纹旋合的条件是:螺纹五要素相同。规定画法是,旋合部分按外螺纹画法表示,未旋合部分按各自规定画法表示(图3.5)。

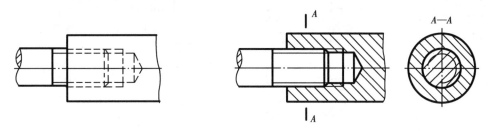

图 3.5　内、外螺纹的旋合画法

(4)螺纹的标注

由于各种螺纹的规定画法都是相同的,图形本身不能区分螺纹的种类和要素。因此,必须在图上标注规定的符号,以便区分(见表3.2)。

由表3.2可知,普通螺纹和梯形螺纹从大径处引出尺寸线,按标注尺寸的形式进行标注,顺序如下:

普通螺纹:螺纹特征代号——公称直径×螺距——旋向——公差带代号——旋合长度

梯形螺纹:螺纹特征代号——公称直径×导程(螺距×线数)——旋向——公差带代号——旋合长度(螺纹旋合长度分为短旋合、中旋合和长旋合三种,分别用字母 S、N、L 表示)

2. 螺纹联接件

(1)常用的几种螺纹联接件(图3.6)

表3.3中列出了螺母、螺栓、双头螺柱、螺钉和垫圈等常用的螺纹联接件。它们的形式、结构和尺寸已经标准化,并有规定的"标记"。

表 3.3　常用的螺纹联接件

名称及国标号	图　例	标记及说明
六角头螺栓—A 和 B 级 GB 5782—1986	M12　60	螺栓　GB 5782—1986　M12×60 表示 A 级六角头螺栓,螺纹规格 d = M12,公称长度 l = 60 mm
双头螺栓(b_m = 1.25d) GB 898—1988	M12　10　50	螺柱　GB 898—1988　M12×50 表示 B 型双头螺柱,两端均为粗牙管通螺纹,螺纹规格 d = M12,公称长度 l = 50 mm
开槽沉头螺钉 GB 68—1985	60　M10	螺钉　GB 68—1985　M10×60 表示开槽沉头螺钉,螺纹规格 d = M10,公称长度 l = 60 mm
开槽长圆柱端紧定螺钉 GB 75—1985	M5　25	螺钉　GB 75—1985　M5×25 表示长圆柱端紧定螺钉,螺纹规格 d = M5,公称长度 l = 25 mm

续表

名称及国标号	图　例	标记及说明
I型六角螺母—A 和 B 级 GB 6170—1986		螺母　GB 6170—1986　M12 表示 A 级 I 型六角螺母,螺纹规格 D = M12
I 型六角开槽螺母 —A 和 B 级 GB 6178—1986		螺母　GB 6178—1986　M16 表示 A 级 I 型六角开槽螺母,螺纹规格 D = M16
平垫圈—A 级 GB 97.1—1985		垫圈　GB 87.1—1985　12—140 HV 表示 A 级平垫圈,公称尺寸(螺纹规格) $d = 12$ mm,性能等级为 140 HV 级
标准型弹簧垫圈 GB 93—1987		垫圈　GB 93—1987　20 表示标准型弹簧垫圈,规格(螺纹大径)为 20 mm

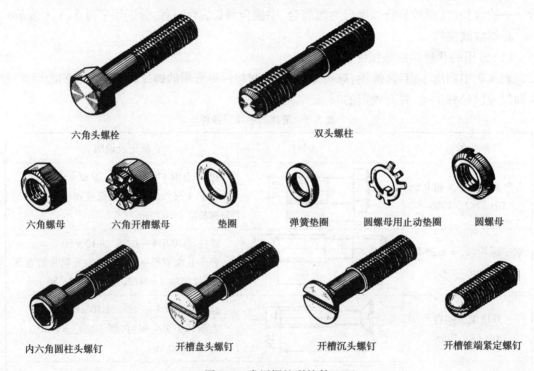

图 3.6　常用螺纹联接件

(2)螺纹联接图画法

螺纹联接形式有:螺栓联接、双头螺栓联接和螺钉联接,如图 3.7。采用哪种联接按需要而定。

90

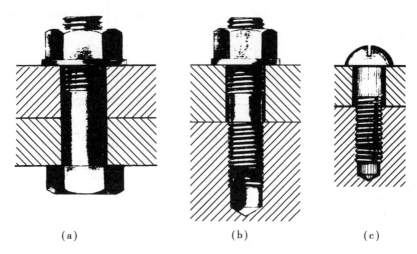

（a）　　　　　　　　　（b）　　　　　　　　　（c）

图 3.7　螺纹联接形式

①螺栓联接图

用螺栓联接两零件时,先在被联接的零件上钻孔,然后用螺栓、垫圈和螺母联接。联接图画法如图 3.8,步骤如下:

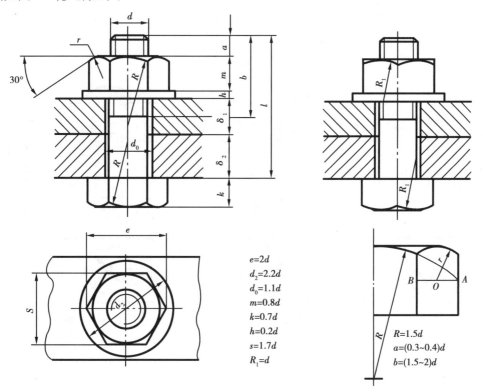

$e=2d$
$d_2=2.2d$
$d_0=1.1d$
$m=0.8d$
$k=0.7d$
$h=0.2d$
$s=1.7d$
$R_1=d$

$R=1.5d$
$a=(0.3\sim0.4)d$
$b=(1.5\sim2)d$

图 3.8　螺栓联接图

a)两零件的接触面画一条线,不接触面画两条线。

b)在剖视图中,被联接两零件的剖面线方向相反;螺母、螺栓和垫圈按不剖绘制;螺母和螺栓头部的曲线可省略不画。

②双头螺柱联接图

用双头螺柱联接时,在被联接的两零件中,一个加工成通孔,另一个加工成螺孔。联接时,将螺柱旋入螺孔,然后套上垫圈,旋紧螺母(如图3.9)。

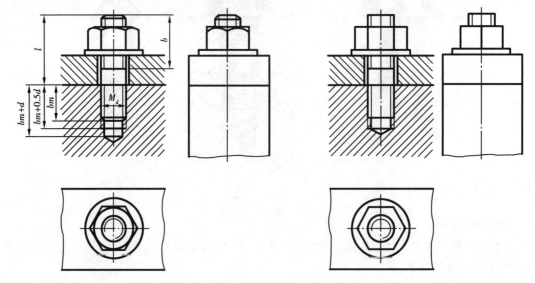

图3.9　双头螺柱联接图

③螺钉联接图

螺钉联接是将螺钉穿过通孔,旋入螺孔(如图3.10)。

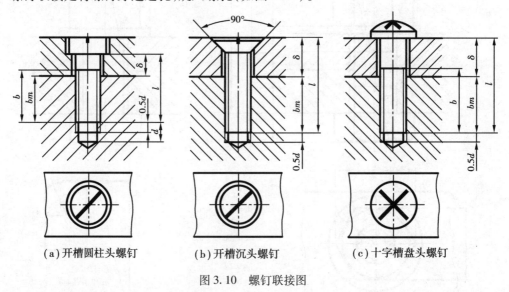

(a)开槽圆柱头螺钉　　　　(b)开槽沉头螺钉　　　　(c)十字槽盘头螺钉

图3.10　螺钉联接图

3.1.2　键与销

1.键

键的作用是联接轴和轴上的传动件,并通过键传递力矩和旋转运动。

(1)键的种类和标记

键的种类很多,常用的有普通平键、半圆键和钩头楔键等(如图3.11)。

常用键的型式、尺寸和标记见表3.4。由键的标记,可从标准中查出键的尺寸。

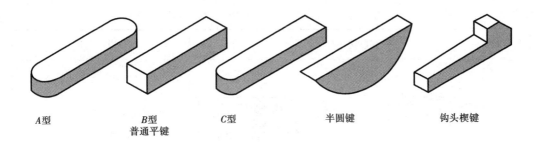

图 3.11　常用的几种键

表 3.4　常用键的型式和标记

名称	标准号	图例	标记示例
普通平键	GB/T 1096—1979（1990 年确认有效）		$b = 18$ mm　$h = 11$ mm　$L = 100$ mm 的圆头普通平键(A 型) 键　18×100　GB/T 1096—1979 (A 型圆头普通平键可不标出 A)
半圆键	GB/T 1099—1979（1990 年确认有效）		$b = 6$ mm　$h = 10$ mm　$d_1 = 25$ mm $L = 24.5$ mm　半圆键 键　6×25　GB/T 1099—1979
钩头楔键	GB/T 1565—1979（1990 年确认有效）		$b = 18$ mm　$h = 11$ mm　　$L = 100$ mm 钩头楔键 键　18×100　GB/T 1565—1979

(2)键联接画法(见表 3.5)

①平键联接图——键的两侧面(工作面)与键槽侧面接触,键的顶面与轮孔槽顶面留有间隙。

②半圆键联接图——键两侧面与键槽侧面接触,顶面留有间隙。

③钩头楔键联接图——键与键槽的顶面、底面接触,侧面留有间隙。

表 3.5　键联接画法

名　称	联　接　的　画　法	说　明
普通平键	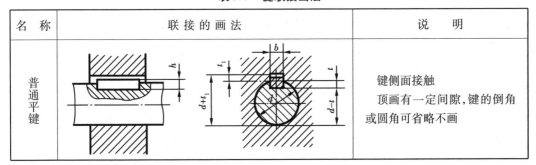	键侧面接触 顶画有一定间隙,键的倒角或圆角可省略不画

续表

名　称	联接的画法	说　明
半圆键	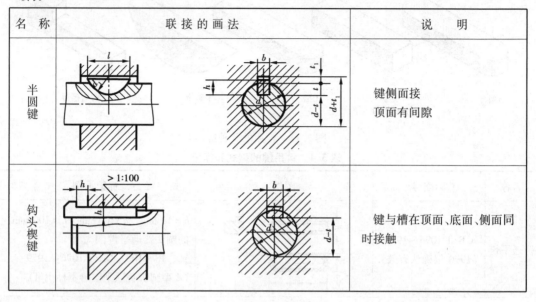	键侧面接 顶面有间隙
钩头楔键		键与槽在顶面、底面、侧面同时接触

2. 销

销的种类较多,通常用于零件间的联接和定位。常用的有圆锥销、圆柱销和开口销等(图3.12)。

图 3.12　圆锥销　圆柱销　开口销

圆柱销、圆锥销的画法及与零件的联接画法如图 3.13。

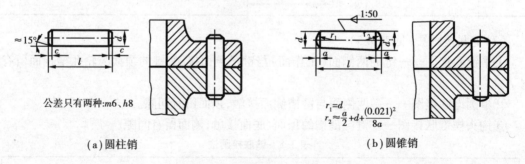

公差只有两种:m6、h8

$$r_1 = d$$
$$r_2 \approx \frac{a}{2} + d + \frac{(0.021)^2}{8a}$$

(a)圆柱销　　　　　　　　　　　(b)圆锥销

图 3.13　销的画法及联接画法

销孔的加工方法和尺寸注法如图 3.14。

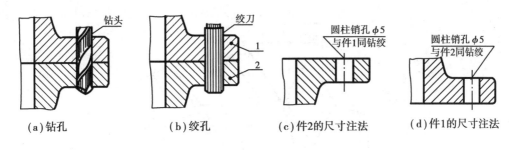

(a)钻孔   (b)绞孔   (c)件2的尺寸注法   (d)件1的尺寸注法

图 3.14 销孔的加工及尺寸注法

3.1.3 齿轮

齿轮可用于传递力矩、变速变向。是工业生产中广泛应用的一种传动零件。图 3.15 为三种不同形式的齿轮传动。

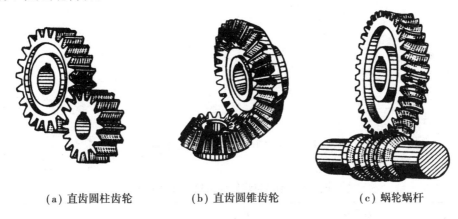

(a)直齿圆柱齿轮   (b)直齿圆锥齿轮   (c)蜗轮蜗杆

图 3.15 齿轮传动

1. 圆柱直齿各部分名称(见图 3.16)

(1)齿顶圆——过齿轮顶部的圆,直径用 d_a。

(2)齿根圆——过齿轮根部的圆,直径用 d_f。

(3)分度圆——位于齿顶圆与齿根圆之间的假想圆,直径用 d。

(4)齿高 h——齿顶至齿根之间的径向距离。

(5)齿距 p——相邻两齿在分度圆上对应点间的弧长。

    齿厚 s——轮齿在分度圆上的弧长。

    槽宽 e——相邻两齿的齿间在分度圆上的弧长。

(6)模数 m——反映轮齿大小的参数。当 m 增大时,轮齿尺寸相应增大,轮齿的负载能力增大。以 z 为齿数,则分度圆的周长与齿距 p、齿数 z 有如下关系:$\pi d = pz$,$d = p/\pi \times z$,则 $m = p/\pi$,即 $d = mz$,$m = d/z$。

(7)齿数 z

(8)中心距 a——两标准齿轮啮合时,两分度圆相切,中心距 $a = 1/2m(z_1 + z_2)$。

(9)压力角 α——当一对标准齿轮啮合旋转时,在啮合点 P,主动轮 O_1 给从动轮 O_2 所施力 F 与该点瞬时速度 v 所夹锐角 α,称为压力角。我国标准齿轮的压力角 $\alpha = 20°$。

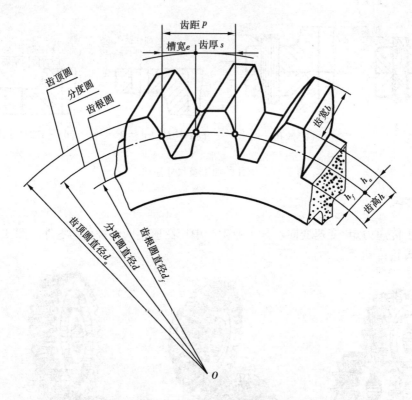

图 3.16 圆柱直齿轮各部分名称

标准直齿圆柱齿轮的计算公式见表 3.6。

表 3.6 标准直齿圆柱齿轮的计算公式

名 称	代 号	计 算 公 式
齿 顶 高	h_a	$h_a = m$
齿 根 高	h_f	$h_f = 1.25\,m$
齿 高	h	$h = h_a + h_f = 2.25\,m$
分度圆直径	d	$d = mz$
齿顶圆直径	d_a	$d_a = d + 2h_a = m(z+2)$
齿根圆直径	d_f	$d_f = d - 2h_f = m(z-2.5)$
齿 宽	b	$b = 2p \sim 3p$

2. 圆柱齿轮的规定画法

（1）单个圆柱直齿轮画法（图 3.17）

①齿顶圆和齿顶线用粗实线表示。

②分度圆和分度线用细点画线表示。

③齿根圆和齿根线用细实线表示，可省略不画。在剖视图中，齿根线用粗实线绘制，轮齿按不剖处理。

（2）圆柱齿轮的零件图见图 3.18

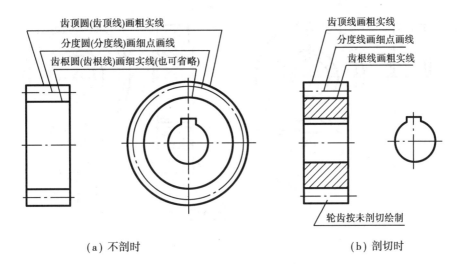

齿顶圆(齿顶线)画粗实线
分度圆(分度线)画细点画线
齿根圆(齿根线)画细实线(也可省略)

齿顶线画粗实线
分度线画细点画线
齿根线画粗实线

轮齿按未剖切绘制

（a）不剖时　　　　　　　　　　　　　（b）剖切时

图 3.17　圆柱直齿轮画法

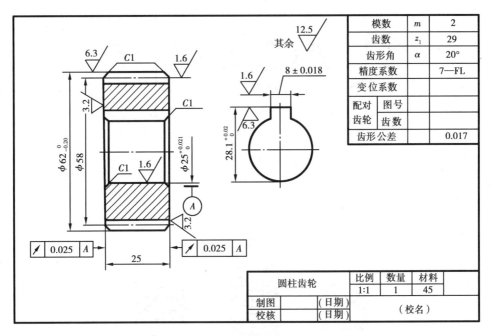

模数	m	2
齿数	z_1	29
齿形角	α	20°
精度系数		7—FL
变位系数		
配对齿轮	图号	
	齿数	
齿形公差		0.017

圆柱齿轮	比例	数量	材料
	1:1	1	45
制图	（日期）	（校名）	
校核	（日期）		

图 3.18　圆柱齿轮的零件图

（3）圆柱齿轮啮合画法（图 3.19）

①在反映为圆的视图中,两齿轮分度圆相切,啮合区内的齿顶圆用粗实线表示(图(a)),也可省略不画(图(b))。

②在平行于齿轮轴线的投影面的外形视图中,啮合区的齿顶线不画,两齿轮重合的节线画成粗实线,其他处的节线仍用细点画线绘制(图 3.19(a))。

③图中啮合区的画法见图 3.20,可假想一个齿轮的轮齿被另一个齿轮的轮齿遮挡而不可见,故一个轮齿用粗实线表示,另一个轮齿用虚线表示。一个齿轮的齿顶与另一个齿轮的齿根之间应画出 0.25 m 的间隙。

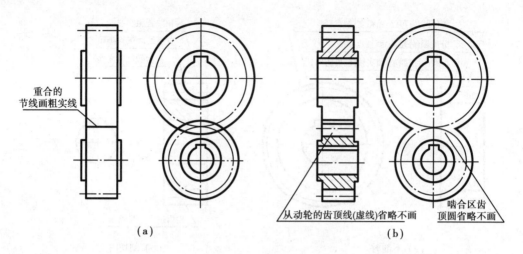

图3.19 齿轮啮合画法

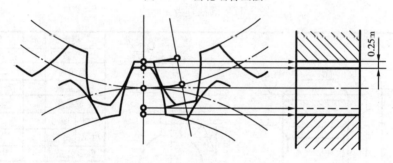

图3.20 齿轮啮合区画法

3.1.4 弹簧

图3.21为常见的三种圆柱螺旋弹簧。

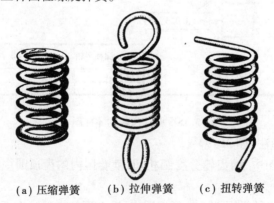

(a)压缩弹簧   (b)拉伸弹簧   (c)扭转弹簧

图3.21 圆柱螺旋弹簧

1.圆柱压缩弹簧的图形及各部名称(见图3.22)

(1)圆柱压缩弹簧的画法

①常用剖视图表示弹簧,并将弹簧各圈的轮廓线画成直线。

②弹簧的有效圈数大于4圈时,允许两端只画两圈,中间可省略不画。

③两端 1.5～2.5 拼紧圈,称为支承圈。其余圈数为有效圈数。

(2)弹簧的各部名称

①钢丝直径 d。

②弹簧直径　中径 D_2(规格直径),内径 D_1,外径 D。

③节距 t　除支承圈外,相邻两圈沿轴向的距离。

④总圈数 n_1、有效圈数 n 和支承圈数 n_2　为了使压缩弹簧工作时受力均匀,保证轴线垂直于支承面,两端采用并紧磨平。

⑤自由高度(或自由长度)H_0　弹簧在不受外力时的高度(或长度)。

图 3.23 为圆柱螺旋压缩弹簧的零件图。图中的三角形表示弹簧所受的轴向压力与弹簧轴向变形量的关系。

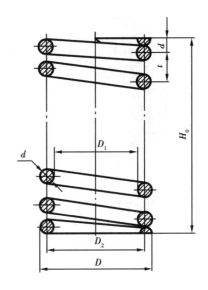

图 3.22　圆柱螺旋弹簧的图形

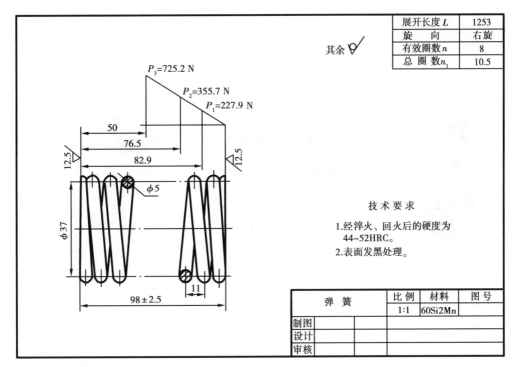

展开长度 L	1253
旋　　向	右旋
有效圈数 n	8
总圈数 n_1	10.5

其余 ▽

P_3=725.2 N

P_2=355.7 N

P_1=227.9 N

50

76.5

82.9

12.5

12.5

$\phi 5$

$\phi 37$

11

98±2.5

技术要求

1.经淬火、回火后的硬度为 44～52HRC。

2.表面发黑处理。

弹　簧		比例	材料	图号
		1:1	60Si2Mn	
制图				
设计				
审核				

图 3.23　弹簧零件图

2. 弹簧在装配图中的规定画法(图 3.24)

(1)位于弹簧后面,被弹簧挡住的零件,按不可见处理,零件可见的轮廓线只画至弹簧钢丝断面的轮廓线或断面中心线处(图(a)箭头指处)。

(2)簧丝直径在图中小于 2 mm 时,断面可涂黑表示(图(b))。

(3)簧丝直径在图中小于 1 mm 时,采用示意画法表示(图(c))。

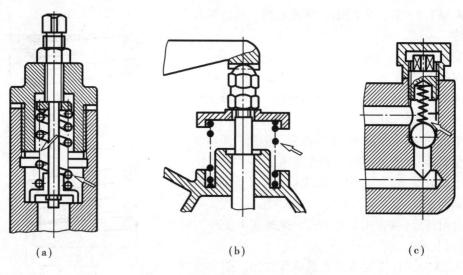

(a)   (b)   (c)

图 3.24　弹簧在装配图中的规定画法

3.1.5　滚动轴承

1. 滚动轴承的种类

滚动轴承是支承轴的零件。图 3.25 是深沟球轴承、推力球轴承和圆锥滚子轴承的组成形式。

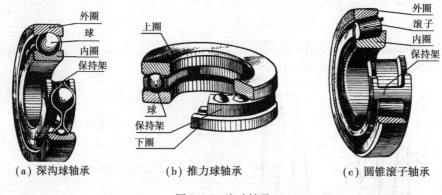

(a) 深沟球轴承   (b) 推力球轴承   (c) 圆锥滚子轴承

图 3.25　滚动轴承

2. 滚动轴承的代号

滚动轴承的种类繁多,为了方便选用,滚动轴承的代号一般由一组数字组成,例如 7308—08 表示轴承内径为 $8 \times 5 = 40$,"3"表示中窄系列,"7"表示单列圆锥滚子轴承。又如 306—06 表示滚动轴承内径为 $6 \times 5 = 30$,"3"表示中窄系列,第四位数未写出,即是"0"表示单列深沟球轴承。滚动轴承代号的详细意义可查阅国家标准。

3. 滚动轴承的画法

由于滚动轴承是标准件,使用时只需根据轴承代号选用,而不必画出零件图。其规定画法、特征画法等见表3.7。

表 3.7　**滚动轴承的画法**（GB/T 4459.7—1998）

名　称 ＼ 画　法	规定画法	简化画法	
		特征画法	通用画法
深　沟 球轴承 GB/T 276—1994			
圆　锥 滚子轴承 GB/T 297—1994			
推　力 球轴承 GB/T 301—1995			

3.2　零件图

3.2.1　零件图的内容

任何机械设备等都是由零件组成的。表示零件的结构形状、大小和技术要求的图样称为零件图。零件图是制造、检验零件的重要技术文件,零件图应具备以下内容(图 3.26):

(1)正确、完整、清晰地表达零件的结构形状的一组视图。

(2)制造零件所需的尺寸。

(3)制造、检验零件的技术要求,如极限与配合、表面粗糙度及文字说明等。

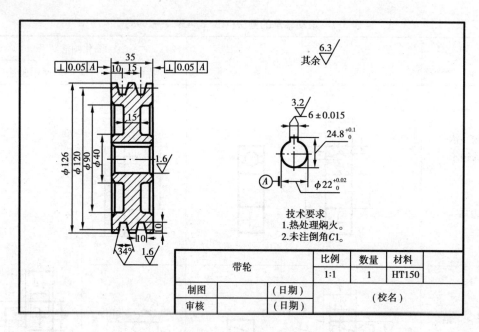

图 3.26　带轮的零件图

（4）标题栏。

3.2.2　零件的视图表达

零件的视图应完整、清晰地表达零件的结构形状，并力求画图简单、看图方便。因此，在选择视图之前，应先分析零件的结构形状，了解零件的工作和加工情况，才能确定出合理的表达方案。

1. 主视图的选择

主视图是零件视图的核心，应清楚和较多地表达出零件的结构形状。一般应从以下几方面考虑：

（1）零件的工作位置——零件的主视图位置与该零件在机器设备中的工作位置一致，便于想像零件的工作情况，了解零件的功能和作用。

（2）零件的加工位置——零件的主视图位置与该零件在加工时的位置一致，便于加工时看图。

（3）确定主视图的投影方向——将最能反映零件形状特征的方向作为主视图的投影方向。

2. 其他视图的选择

主视图确定之后，应根据零件的结构形状确定其他视图的表达方法。所选视图应具有独立存在的意义和明确的表达重点。

3. 轴、盘类零件的表达方法举例

（1）轴类零件一般是同轴线的回转体组成，且细长，轴上通常有键槽、螺纹、轴肩、退刀槽、中心孔等。

主视图选择一般按加工位置确定，将轴线水平放置。

其他视图选择常用断面、局部视图、局部剖视和局部放大图等表达键槽、退刀槽和其他孔、槽等结构(图 3.27)。

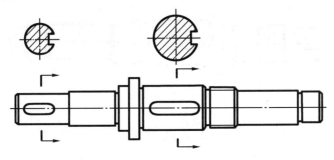

图 3.27　轴的视图表达

(2)盘类零件的表达方法

该类零件一般由回转体组成,轴向尺寸小,径向尺寸大。盘上有键槽、光孔、螺孔、止口、凸台等。

主视图的选择一般按加工位置确定,将轴线水平放置。

其他视图选择,常用视图、剖视图、断面、局部视图、局部剖视等表达(图 3.28)。

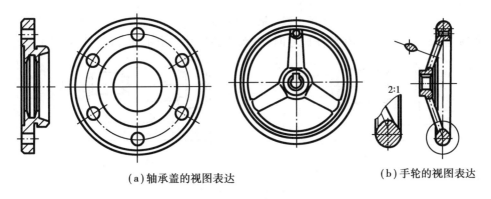

(a)轴承盖的视图表达　　　　　　　　(b)手轮的视图表达

图 3.28　轴承盖的视图表达

3.2.3　零件图的尺寸标注

零件图的尺寸标注,要正确、完整、清晰、合理。

1. 确定尺寸基准

标注尺寸的起点称为尺寸基准。一般选择零件的底面、端面、对称平面等作为尺寸基准。零件有长、宽、高三个方向的尺寸,每个方向应选择一个主要基准,为满足零件加工、测量的需要,还应选择相对的辅助基准。

轴的尺寸基准如图 3.29:

(1)径向基准——为了保证转动平稳,各段圆柱要求在同一轴线上,设计基准应为轴线。由于加工时两端用顶针支承,因此轴线又是工艺基准(图 3.29(a))。

(2)轴向主要基准——轴上装有传动件和滚动轴承,为了保证传动件的工作精度,轴向定位十分重要,因此选用定位轴肩作为轴向尺寸的主要设计基准(图 3.29(b))。

2. 避免标注封闭尺寸链

图 3.30(a)所示,尺寸 $B + C + D = A$ 形成封闭尺寸链。加工时,由于各段尺寸的误差积

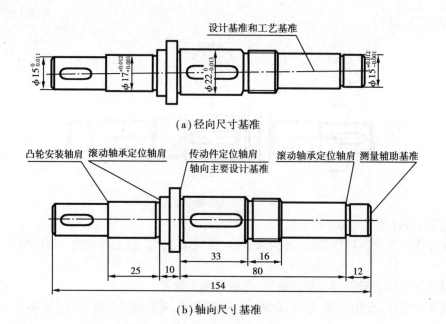

(a)径向尺寸基准

(b)轴向尺寸基准

图 3.29　轴的尺寸基准

累,不能保证总长尺寸。因此,在标注尺寸时,将次要的尺寸空出不标注(图 3.30(b))。

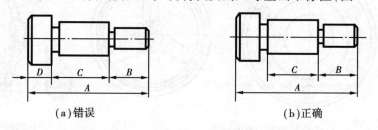

(a)错误　　　　　　　　　　　(b)正确

图 3.30　避免标注封闭的尺寸链

3. 尺寸应便于加工和测量

图 3.31 所示为轴上有一退刀槽。加工顺序:车 φ12 的外圆、长 20 后,再切槽。

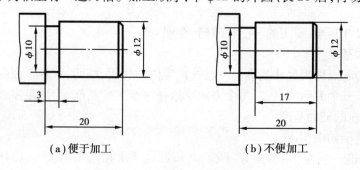

(a)便于加工　　　　　　　　　(b)不便加工

图 3.31　尺寸标注要便于加工

图 3.32(a)所示套筒的尺寸 A 不便于测量,若没有特殊要求,应按图 3.32(b)的形式标注。

4. 常见孔的尺寸注法

各类孔的尺寸除采用普通注法外,常采用旁注和符号相结合的方法标注(见表 3.8)。

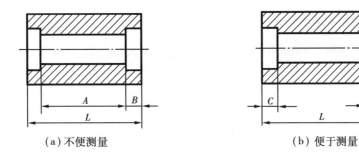

(a) 不便测量　　　　　　　　　　　　　　(b) 便于测量

图 3.32　尺寸标注应便于测量

表 3.8　常见孔的尺寸注法

种类	普 通 注 法	简 化 注 法	说 明
光孔			4 个光孔均布,孔深 10,"↓"为孔深符号,"EQS"为"均布"缩写词
螺孔			3 个螺孔,螺孔深 10,钻孔深一般不注
埋头孔			"∨"为埋头孔符号
沉孔			"⊔"为沉孔或锪平符号
锪平			锪平只需到表面平整,其切入深度很小,无须注出

105

3.2.4 零件图的技术要求

在大批量生产中,任取一根轴,不经修配就可顺利地装入轴孔中,且能满足工作要求,这种性质称为互换性。

1. 极限与配合

(1)公差的基本概念

在生产中,由于机床设备的误差、刀具磨损及加工人员的技术水平等各种原因,不可能将一批零件的尺寸做得完全相同。为了实现零件的互换性,国家制订了公差标准和尺寸公差。

公差的相关名词术语:

①基本尺寸——设计零件时确定的尺寸。

②实际尺寸——零件加工后测量所得的尺寸。

③极限偏差——偏离基本尺寸的极限值,该值可为正、负或零。并分为:上偏差和下偏差。

④极限尺寸——允许尺寸变动的极限值,分为最大或最小极限尺寸。

⑤尺寸公差——(公差)允许零件尺寸的变动量。

⑥公差带——由代表上、下偏差值的两条平行线所限定的区域,称为公差带(图3.33(c))。在公差带图中,零线代表基本尺寸的直线,正偏差位于零线之上,负偏差位于零线之下。

图3.33(a)所示轴的尺寸 $\phi20^{+0.013}_{-0.008}$ 中, $\phi20$ 是设计时确定的尺寸称为基本尺寸;而 $^{+0.013}_{-0.008}$ 是控制尺寸范围的数值称为尺寸偏差,其中 +0.013 为上偏差、-0.008 为下偏差。因此,轴直径允许最大极限尺寸为 20 + 0.013 = 20.013,最小极限尺寸为 20 - 0.008 = 19.992。加工后的实际尺寸应在这两个值之间(图3.33(b))。

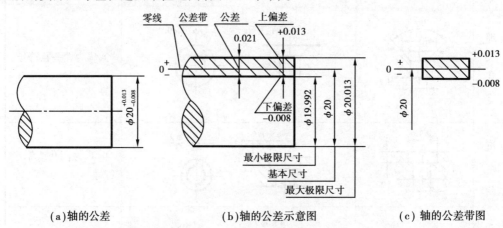

(a)轴的公差　　　　　　　(b)轴的公差示意图　　　　　　(c)轴的公差带图

图3.33　公差的基本术语

(2)标准公差与基本偏差

标准公差——确定公差带大小的任一公差。标准公差由 IT01、IT0、IT1……IT18,共分为20个等级。IT01的精度等级最高,往后的精度等级依次降低。

基本偏差——在上、下偏差中,以靠近零线的哪个偏差来确定公差带的位置,这个偏差称为基本偏差。图3.34为基本偏差系列图。

孔或轴的公差带代号由基本偏差代号与标准公差等级组成。如孔的公差带代号:H8、F8、

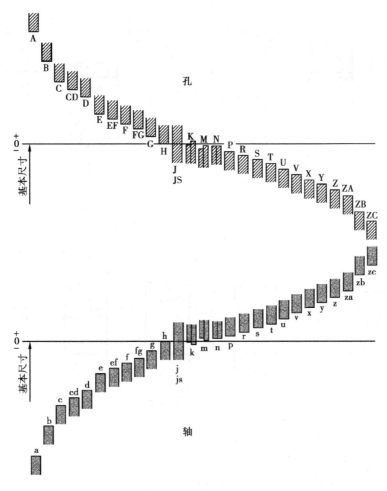

图 3.34　基本偏差系列

K7 等;轴的公差带代号:h7、f7、k6 等。

　　例如:孔的尺寸为 ϕ50H8,可从极限偏差表中查出上偏差为 +0.039,下偏差为 0。

　　轴的尺寸为 ϕ50k6,可查出上偏差为 +0.018,下偏差为 +0.002。

　　(3)配合

　　基本尺寸相同的,相互结合的孔与轴公差带之间的关系称为配合。

　　①配合种类

　　根据实际生产需要,可选择以下 3 种类型的配合(图 3.35)。

　　间隙配合——孔的公差带位于轴的公差带之上,孔的实际尺寸大于轴的实际尺寸。

　　过盈配合——孔的公差带位于轴的公差带之下,孔的实际尺寸小于轴的实际尺寸。

　　过渡配合——孔与轴的公差带相互交叠,孔的实际尺寸可能大于或小于轴的实际尺寸。

　　②配合基准制

　　基孔制——基本偏差为一定的孔的公差带,与不同基本偏差的轴的公差带形成的各种配合的一种制度(图 3.35(a))。

　　基孔制的孔称为基准孔,基本偏差代号为 H,下偏差为零。

　　基轴制——基本偏差为一定的轴的公差带,与不同基本偏差的孔的公差带形成的各种配

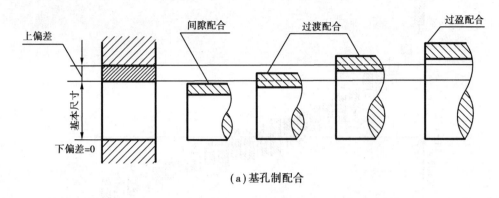

（a）基孔制配合

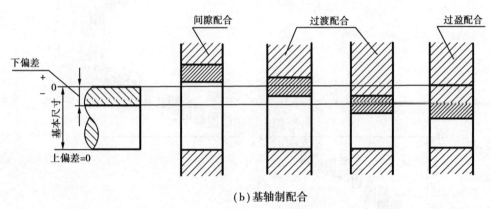

（b）基轴制配合

图 3.35　配合示意图

合的一种制度（图 3.35（b））。

　　基轴制的轴称为基准轴，基本偏差代号为 h，上偏差为零。

　　（4）极限与配合的标注

　　按国标（GB/T 1800.2—1998）规定，极限与配合在图上的标注示例见表 3.9。

2. 形状与位置公差

　　形状公差——是指零件的实际形状相对于理想形状所允许的最大变动量。

　　位置公差——是指零件的实际位置相对于理想位置所允许的最大变动量。

　　这两项公差统称为零件的形位公差。形位公差特征项目的符号见表 3.10。

　　形位公差在图中的标注见图 3.36。

　　如图可知：

　　$\phi 160_{-0.068}^{-0.043}$ 圆柱面与基准轴线 A 的径向圆跳动公差为 0.03。

　　$\phi 150_{-0.068}^{-0.043}$ 圆柱面与基准轴线 A 的径向圆跳动公差为 0.02。

　　厚度为 20 的安装板左端面对 $\phi 150_{-0.068}^{-0.043}$ 圆柱轴线 B 的垂直度公差为 0.03。安装板右端面对 $\phi 160_{-0.068}^{-0.043}$ 圆柱轴线 C 的垂直度公差为 0.03。

　　$\phi 125_{0}^{+0.025}$ 圆孔的轴线与基准轴线 A 的同轴度公差为 $\phi 0.05$。

　　5 个 $\phi 21$ 的孔是由与基准 C 同轴，尺寸 $\phi 210$ 确定并均匀分布的位置度公差为 $\phi 0.125$。

表 3.9　极限与配合的标注示例

配合种类		基　孔　制	基　轴　制
在装配图上的注法		φ50 $\frac{H8}{f7}$　←基孔制	φ50 $\frac{K7}{h6}$　←基轴制
在零件图上的标注法	孔或轴	基准孔　　　　轴	孔　　　　基准轴
	标注代号	φ50H8　　φ50f7	φ50K7　　φ50h6
	标注偏差值	φ50$^{-0.039}_{0}$　　φ50$^{-0.025}_{-0.050}$	φ50$^{+0.007}_{-0.018}$　　φ50$^{0}_{-0.016}$
	标注代号及偏差值	φ50H8($^{+0.039}_{0}$)　　φ50f7($^{-0.025}_{-0.050}$)	φ50K7($^{+0.007}_{-0.018}$)　　φ50h6($^{0}_{-0.016}$)

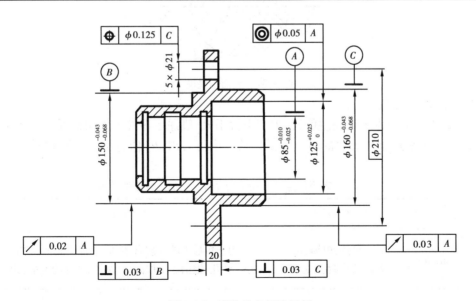

图 3.36　形位公差标注示例

表 3.10　形位公差特征项目的符号

公差		特征项目	符号	有或无基准要求	公差		特征项目	符号	有或无基准要求
形状	形状	直线度	—	无	位置	定向	平行度	//	有
		平面度	▱	无			垂直度	⊥	有
		圆　度	○	无			倾斜度	∠	有
		圆柱度	⌀	无		定位	位置度	⊕	有或无
							同轴(同心)度	◎	有
形状或位置	轮廓	线轮廓度	⌒	有或无			对称度	⚌	有
		圆轮廓度	⌓	有或无		跳动	圆跳动	↗	有
							全跳动	↗↗	有

3. 表面粗糙度

零件表面经过加工后,存在着较小间距和凹凸不平的微小峰谷称为表面粗糙度(图3.37)。

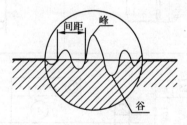

图 3.37　表面粗糙度

（1）表面粗糙度 R_a

R_a 为表面轮廓算术平均偏差值,在生产中常用 R_a 值评定零件表面粗糙度。表 3.11 列出了 R_a 值与表面特征、加工方法的对应关系。从表中可看出, R_a 值越大,表面越粗糙,反之,表面越光滑。

表 3.11　表面粗糙度 R_a 值与表面特征、加工方面的关系

R_a/μm	表面特性	加工方法	应用举例
50 25 12.5	粗面	粗车、粗铣、粗刨、钻孔、锯断以及铸、锻、轧制等	多用于粗加工的非配合表面,如机座底面、轴的端面、倒角、钻孔、键槽非工作面,以及铸、锻件的不接触面等

续表

$R_a/\mu m$	表面特性	加 工 方 法	应 用 举 例
6.3 3.2 1.6	半光面	粗车、粗铣、粗刨、绞孔、刮研、拉削(钢丝)等	较重要的接触面和一般配合表面,如键槽和键的工作面、轴套及齿轮的端面、定位销的压入孔表面
0.8 0.4 0.2	光面	精绞、精磨、抛光等	要求较高的接触面和配合表面,如齿轮工作面、轴承的重要表面、圆锥销孔等
0.1 0.05 0.025	镜面	研磨、超级精密加工等	高精度的配合表面,如要求密封性能好的表面、精密量具的工作表面等

(2)表面粗糙度在图上采用代号、符号的形式标注,其意义见表3.12。

表 3.12　表面粗糙度的符号、代号

符 号	$\sqrt{}$	基本符号,表示表面可用任何方法获得。当不加注粗糙度参数值或有关说明(例如:表面处理、局部热处理状况等)时,仅适用于简化代号标注
	$\sqrt{}$	基本符号加一短画,表示表面是用去除材料的方法获得。例如:车、铣、钻、磨、剪切、抛光、电火化加工、气割等
	$\sqrt{}$	基本符号加一小圆,表示表面是用不去除材料的方法获得。例如:铸、锻、冲压变形、热轧、冷轧、粉末冶金等。或者是用于原供应状况的表面(包括保持上道工序的状况)
代 号	$\overset{3.2}{\sqrt{}}$	用任何方法获得的表面粗糙度,R_a 的上限值为 3.2 μm
	$\overset{3.2}{\sqrt{}}$	用去除材料方法获得的表面粗糙度,R_a 的上限值为 3.2 μm
	$\overset{6.3}{\sqrt{}}$	用不去除材料方法获得的表面粗糙度,R_a 的上限值为 6.3 μm
	$\overset{3.2}{\underset{1.6}{\sqrt{}}}$	用去除材料方法获得的表面粗糙度,R_a 的上限值为 3.2 μm,R_a 的下限值为 1.6 μm

(3)表面粗糙度在图上的标注

根据国家标准(GB/T131—1993)规定,表面粗糙度在图上的标注见表3.13。

表 3.13 表面粗糙度的标注

零件的表面具有不同的粗糙度要求时,应分别标出粗糙度的代(符)号,代(符)号一般注在可见轮廓线、尺寸界线、引出线或它们的延长线上。符号的尖端必须从材料外指向表面。同一图样上,每一表面一般只标注一次代(符)号	表示零件上使用最多的一种粗糙度代(符)号,可以在图样右上角统一标注,并加注"其余"两字。当用统一标注表达表面粗糙度要求时,其代号和说明文字的高度均应是图形上其他所注代号和文字的 1.4 倍
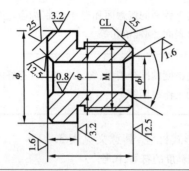	
零件上所有表面具有相同的表面粗糙度要求时,可以在图样右上角统一标注	同一表面有不同的粗糙度要求时,必须用细实线画出分界线,并注上相应的尺寸和粗糙度代(符)号
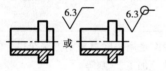	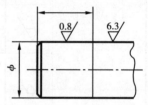
如须说明加工方法时,应采用长边带横线的表面粗糙度符号,加工方法注写在横线上方。带横线的粗糙度符号,注写在各种方位表面上的形式如下图 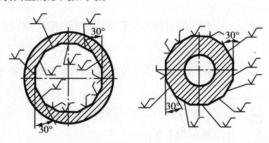	

3.2.5 零件的工艺结构

1. 倒角和倒圆

孔、轴的端部一般要倒角,去掉毛刺和锐边,便于操作及装配。在轴肩处一般要倒圆,以免因应力集中而产生裂纹。图 3.38 为零件上的倒角、倒圆及尺寸注法。

2. 退刀槽和砂轮越程槽

在切削或磨削时,为了便于退刀或保证砂轮磨削,先在零件上加工出退刀槽或砂轮越程槽

（图 3.39）。

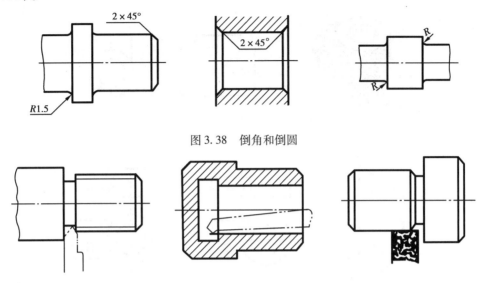

图 3.38　倒角和倒圆

图 3.39　退刀槽和砂轮越程槽

3. 钻孔

钻孔时,被加工零件的结构应考虑到加工方便。应预先设计与钻头轴线方向垂直的平面、凸台和凹坑,如图 3.40。

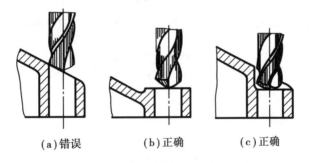

(a)错误　　　　(b)正确　　　　(c)正确

图 3.40　钻孔处的结构

4. 凸台和凹坑

在零件上设计凸台和凹坑可减少零件的加工面,保证零件表面间的良好接触,如图 3.41。

图 3.41　凸台和凹坑

5. 过渡线

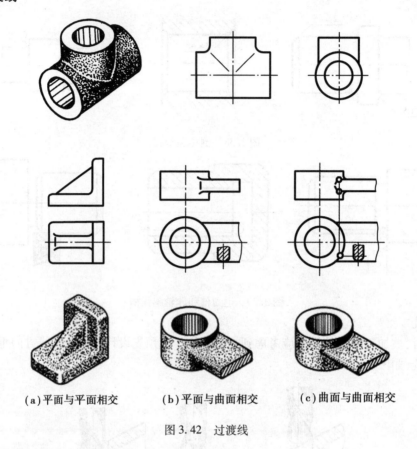

(a) 平面与平面相交　　(b) 平面与曲面相交　　(c) 曲面与曲面相交

图 3.42　过渡线

3.2.6　零件测绘

1. 零件测绘的方法与步骤

(1)用目测方法,画出零件草图。

(2)用量具测量零件的大小,在草图上标注零件尺寸。

(3)审核草图后,画出零件工作图。

作图过程和方法如图 3.43。

2. 常用量具及测量方法

在实际生产中,用钢直尺、内外卡、游标卡尺等测量零件。测量方法如图 3.44。

3.2.7　读零件图

在机器和设备的制造、使用和维修中,常需要看零件图,以了解零件的用途、性能、结构、尺寸和各项技术要求,确定零件的加工方法和应采取的措施。

1. 看零件图一般可按以下步骤进行

(1)了解零件名称和用途。

(2)分析视图,想象零件的结构形状。

(3)分析尺寸和技术要求,弄清零件上的重要部分及零件的性能、要求等。

（4）综合归纳，全面了解零件。

下面以轴类和盘类零件为例，说明看零件图的方法步骤。

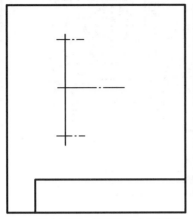

（a）画出图框、标题栏、布置图形，
画出作图基准线

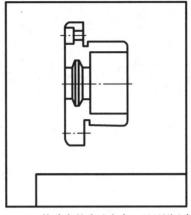

（b）按确定的表达方案，以目测比例，
画出视图、剖视图的轮廓

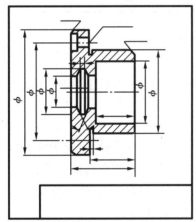

（c）画出尺寸界线、尺寸线和箭头，
校核图形后，将图线加深

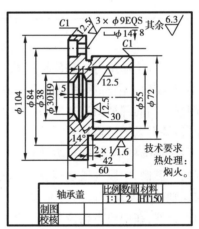

（d）测量尺寸，填写尺寸数字、
技术要求及标题栏

图 3.43 画零件草图的方法和步骤

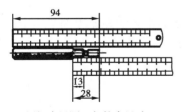

（a）用钢直尺测一般轮廓尺寸

（b）用外卡钳测外径

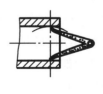

（c）用内卡钳测内径

（d）用游标卡尺测精确尺寸

图 3.44 常用量具及测量方法

2. 轴的零件图（图 3.45）

（1）看标题栏可知零件的名称为轴，该轴用一对滚动轴承支承，并由齿轮传递给轴上的从

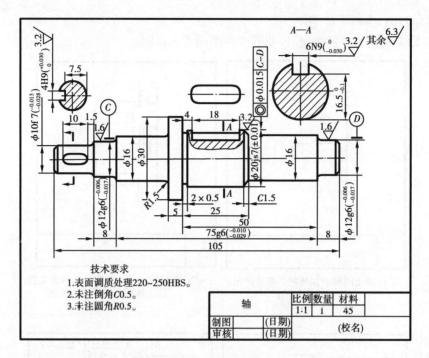

图 3.45　轴的零件图

动轮,再由轴左端的带轮输出力矩和旋转运动。

(2)为了方便加工时看图,采用以水平横放的主视图表达零件的主要结构形状,两个断面图、一个局部剖视图和局部视图表达左右二个键槽的结构形状。

如图可知,该轴有以下结构:

①轴由七段阶梯圆柱组成,这可方便轴上零件的装配和定位,也便于轴的加工。

②轴上有两个键槽,中段键槽装齿轮,左端键槽装带轮,均由普通平键联接。

③为了加强轴的强度及零件的装配和操作安全,轴肩和端头倒圆、倒角。

④为了加工方便,在中段齿轮位与轴肩处留有越程槽。

(3)轴的尺寸分为轴向和径向尺寸,轴向尺寸以轴肩右端面为基准、径向尺寸以轴线为基准。图中注有 $\phi10f7$、$\phi12g6$ 和 $\phi20js7$ 的圆柱段,是与带轮、滚动轴承内圈和齿轮有配合关系,所以这几段圆柱的尺寸精度、同轴度和粗糙度以及两键槽的对称度都有较高的要求。

3. 法兰盘的零件图(图 3.46)

由于该零件形似"盘",故称为盘类零件。轴线为水平的全剖主视图和左视图及一个局部剖视图完整、清晰地表达法兰盘的结构形状。

看图可知,法兰盘的主要结构如下:

①安装板:外形直径 $\phi130$、厚 12、(前、后截去后的)宽 100;其上有 4 个 $\phi7$、沉孔 $\phi12$ 深 6 的螺栓过孔和 2 个 $\phi7$ 的对接导向销孔。

②轴孔 $\phi42H7$,两端倒角。

③左端:长 3、直径 $\phi70g6$ 的凸台与对接止口配合。

④右端:长 30、$\phi55h6$ 圆柱上有 M6 的螺孔,左边与安装板端面的相交处加工有越程槽、右端倒角。

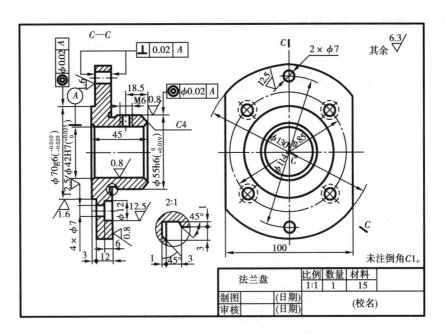

图 3.46　法兰盘的零件图

为了保证法兰盘的装配精度和工作要求,左端 $\phi70g6$、右端 $\phi55h6$ 的圆柱面和轴孔 $\phi42H7$ 有公差及表面粗糙度要求;安装板的两端面与轴孔 $\phi42H7$ 的轴线垂直度公差为0.02, $\phi70g6$、 $\phi55h6$ 的轴线与轴孔 $\phi42H7$ 的同轴度公差为0.02。

3.3　装　配　图

表达机器或设备的图样称为装配图(图 3.47)。

3.3.1　装配图的内容

正确、完整的装配图应具备以下内容:

1. 视图

一组视图——表达装配体构造、工作原理、零件之间的装配关系及主要零件的结构形状。

2. 尺寸

必要的尺寸——表示装配体的规格、性能及装配、安装等有关的尺寸。一般标注以下几种尺寸:

(1)规格(性能)尺寸——表示装配体的性能或规格。如图 3.47 中 $\phi50H8$。

(2)装配尺寸——表示零件间有装配关系的尺寸、配合尺寸和零件间的定位尺寸。如图中 $\phi90H9/f\,9$、$\phi60H8/k7$、$\phi65H9/f\,9$、70、90。

(3)安装尺寸——将装配体安装在其他机器或基础上所需的尺寸。图中尺寸 $2\times\phi17$ 和 180。

(4)外形尺寸——表示装配体的总长、总宽和总高的尺寸。图中尺寸 80、160 和 240。

(5)其他重要尺寸,如图中尺寸 2。

3. 标题栏、明细表和零件编号

为了方便看图及图样的管理,装配图上的零件都要编号,并将零件的名称、数量、材料等注写在标题栏和明细表内。

4. 说明装配体的性能、装配、检验和调试的技术要求

3.3.2 装配图的表达方法

1. 装配图的规定画法(图3.47)

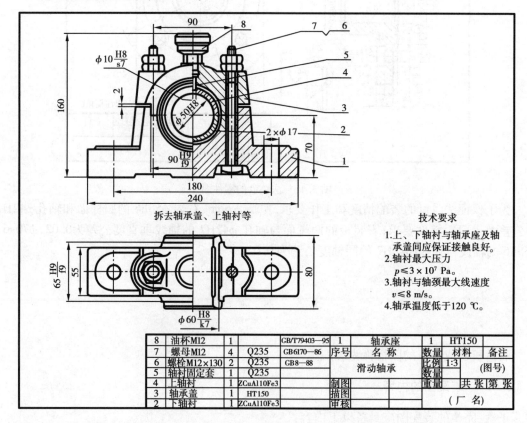

技术要求
1.上、下轴衬与轴承座及轴承盖间应保证接触良好。
2.轴衬最大压力
$p \leqslant 3 \times 10^7$ Pa。
3.轴衬与轴颈最大线速度
$v \leqslant 8$ m/s。
4.轴承温度低于120 ℃。

8	油杯M12	1		GB/T79403—95	1	轴承座	1	HT150	
7	螺母M12	4	Q235	GB6170—86	序号	名　称	数量	材料	备注
6	螺栓M12×130	2	Q235	GB8—88		滑动轴承	比例 1:3		(图号)
5	轴衬固定套	1	Q235				数量		
4	上轴衬	1	ZCuAl10Fe3		制图		重量		共 张 第 张
3	轴承盖	1	HT150		描图				(厂　名)
2	下轴衬	1	ZCuAl10Fe3		审核				

图3.47 滑动轴承装配图

(1)两零件的接触面或配合面,规定只画一条线,非接触面画二条线。

(2)相邻零件的剖面线相反,或剖面线间距不等。同一零件在各视图中的剖面线方向和间距必须一致。

(3)当剖切平面通过标准件(螺母、螺栓、垫圈等)和实心件(轴、手柄、连杆等)的基本轴线时,这些零件按不剖画出。

2. 装配图的特殊表达方法

国标规定了装配图的一些特殊画法。

(1)拆卸画法

为了表达装配体上被遮盖部分的形状或被拆去零件的形状,在其他视图中已表达清楚,不需重复画出时,采用拆卸画法(见图3.47中的俯视图)。

(2)单个零件的表达

在装配图中可单独画出某一零件的视图,以表达该零件的结构形状,但必须在所画视图的上方标注零件的名称、投影方向等。

(3)简化画法

①装配体中规格相同,且均匀分布的零件组(螺母、螺栓和垫圈等),允许在图中只画出一组,其余的可省略不画(见图 3.48)。

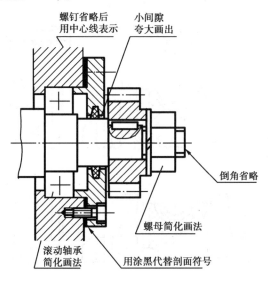

螺钉省略后用中心线表示　　小间隙夸大画出　　倒角省略　　螺母简化画法　　滚动轴承简化画法　　用涂黑代替剖面符号

图 3.48　装配体的简化画法

②零件的工艺结构,在装配图中可省略不画。

(4)假想画法

当需要表达某一运动件的极限位置时,可用双点画线画出该零件在极限位置上的外形图。

3.3.3　常见装配体的结构

为了保证装配体能顺利进行装配、调试及检修,在零件上设计有各种装配结构。了解这些结构的用途,有助于阅读装配图。

1. 装配关系

(1)两零件在同一方向上只能有一个表面接触(图 3.49)。

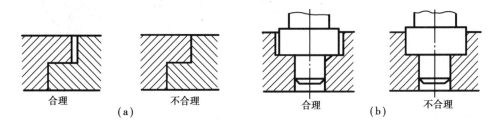

合理　　不合理　　(a)　　合理　　(b)　　不合理

图 3.49　同一方向上接触面

(2)为了保证两零件表面紧密接触,在相应转角处倒角、倒圆及设计凹槽等(图 3.50)。

(3)合理减少接触面,使零件表面接触可靠(图 3.51)。

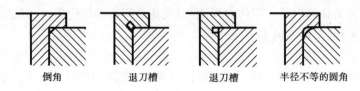

图 3.50 接触面转角处的结构

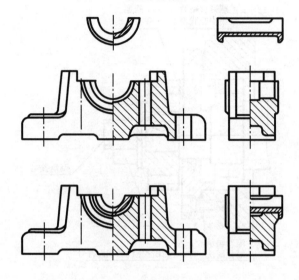

图 3.51 合理减少接触面

2. 防松装置

为了防止螺母、螺栓等因机器的振动而松脱,在设计时应注意采用适当的防松装置(见图 3.52)。

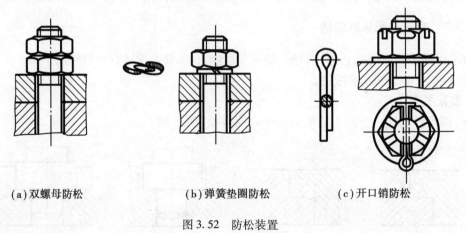

(a)双螺母防松   (b)弹簧垫圈防松   (c)开口销防松

图 3.52 防松装置

3. 密封装置

对有密封要求的减速器、泵、阀和气缸等,为了防止内部液体外漏和防尘,一般都有密封装置(图 3.53)。

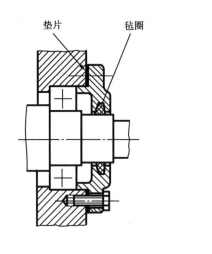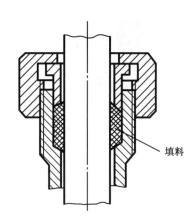

图 3.53　密封装置

3.3.4　看装配图

1. 看装配图应达到以下要求

（1）了解装配体的用途和工作原理。

（2）了解零件的装配关系和拆卸顺序。

（3）想象零件的结构形状,最后综合归纳,全面了解装配图。

2. 以图 3.54 的旋阀为例,介绍看装配图的方法步骤

（1）由标题栏、明细表和有关技术说明,了解装配体名称、用途和工作原理。

旋阀通过左右两边的螺孔与管道联接。转动阀杆 4 时,可控制管道中液体流量的大小及开关。

（2）看装配图,了解零件的装配关系和拆卸顺序,并想象零件的形状。

如图可知,旋阀采用了全剖主视图、半剖左视图和完整的俯视图。

①零件的装配关系和旋阀的拆卸顺序

由全剖主视图可知,旋阀上的零件沿竖直轴线方向的装配关系为:阀杆 4 从上往下穿入阀体 1 的锥孔——导入垫圈 5——填料 3 装入阀体 1 的圆孔——装上压盖 2——用螺钉 6 将压盖 2 按装配要求联接在阀体 1 上。

阀体 1 与阀杆 4 在锥度比为 1∶7 的锥面有较高要求的配合;阀体 1 与压盖 2 有配合要求,配合尺寸为 $\phi 35H9/f\,9$。

旋阀的拆卸顺序依次为:拆下 6,2,3,5,4 零件。

②想象零件的形状

想象零件形状时,应先确定该零件在装配体主视图中的投影范围,再利用投影关系找出零件在其他视图中的投影后想象出零件的形状。

例如零件 2 是压盖。由主、俯视图可知,该零件形状为上大下小的阶梯结构,上部为前后、左右对称的多边形,下部为圆柱,并从上至下有三个圆孔,中间是阀杆过孔,左右二孔为螺钉过孔。

想象零件形状时应注意以下几点:

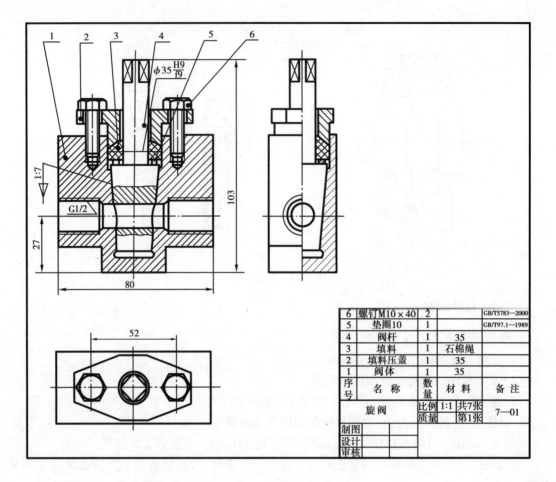

图3.54　旋阀装配图

a)确定零件的投影范围时,应根据零件在装配体中的作用以及装配图中同一零件的剖面线方向和间隔相同的规定进行。

b)由于装配图中只画零件可见的轮廓而被遮盖的其他零件轮廓一般不画出。因此,想象零件被遮盖部份的形状时应根据零件的作用及零件之间的装配关系进行。

c)搞清楚零件上的工艺结构和装配结构的作用及形状。

3. 将以上分析进行综合、归纳,即可想象出旋阀的形状

第4章
常用工程图

常用工程图是工程技术人员应该掌握的基本知识。本章介绍常用的展开图、焊接图和房屋建筑图。

4.1 展 开 图

在实际生产中,常见金属板材制件:防护罩、容器、管道及管接头等。加工这些制件时,先在板材上画出制件的展开图,并按其下料焊接而成。

将制件表面依次摊平在同一平面上所得的图形称为表面的展开,展开后的图形称为展开图。

4.1.1 求线段的实长

图4.1是用直角三角形法求一般位置线段的实长。

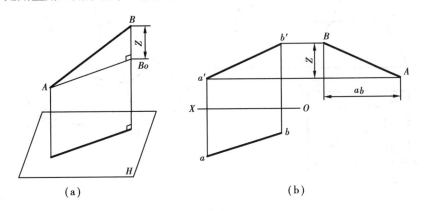

(a)   (b)

图4.1 用直角三角形求线段的实长

4.1.2 平面立体表面的展开

平面立体的表面都是多边形,求出各表面的实形并依次摊平,即得展开图。

1. 求作斜口三棱柱管的展开图

如图 4.2(a)所示,该管侧表面为三个梯形,依次画出三个梯形的实形即得展开图。

作图步骤如下:

(1)将三角形底口展成水平直线,在其上量取 Ⅰ Ⅱ = 12, Ⅱ Ⅲ = 23, Ⅲ Ⅰ = 31。

(2)由 Ⅰ, Ⅱ, Ⅲ, Ⅰ 点分别作垂线,并量取 $A Ⅰ = a'1', B Ⅱ = b'2', C Ⅲ = c'3'$ 得 A, B, C, A 点。

(3)依次连接 A, B, C, A 各点即得斜口三棱柱管的展开图(图 4.2(b))。

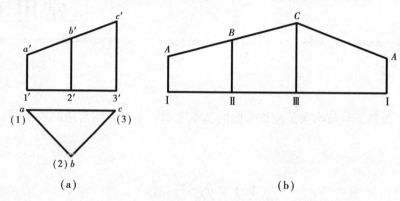

图 4.2 斜口三棱柱管的展开图

2. 作矩形漏斗的展开图

如图 4.3(a)为漏斗的视图,将棱线延长后交于一点 S 而形成四棱锥,由此可知漏斗是一个四棱锥台,而四条棱线的实长相同,为一般位置直线;底口各边分别为正垂线和侧垂线,其实长可在视图中量取。展开图作法如下:

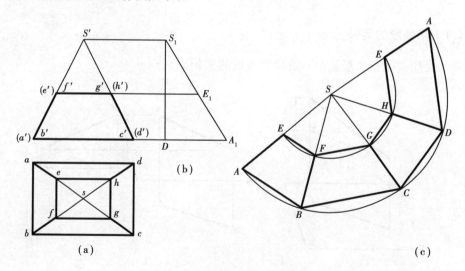

图 4.3 矩形漏斗的展开图

(1)如图 4.3(a)、(b),用直角三角形法求出棱线的实长 $S_1 A_1$,则漏斗棱线的实长为 $E_1 A_1$。

(2)如图 4.3(c)所示,以 S 为圆心、$S_1 A_1$ 为半径画弧,在弧上量取弦长 $AB = ab, BC = bc, CD = cd, DA = da$,并将 $ABCDA$ 各点与 S 点连线得四棱锥的展开图。

（3）以 S 为圆心、S_1E_1 为半径画弧与四棱锥的棱线相交于 E,F,G,H,E 点,连接各点即得矩形漏斗的展开图。

4.1.3　可展曲面的表面展开

能展开摊平在同一平面上的曲面称为可展曲面。

1. 斜口圆管的展开

如图 4.4（a）为斜口圆管的视图,其表面素线相互平行,正面投影反映实长,且垂直于底口。展开图作法如图（a）,（b）所示:

（1）在视图中作出圆管表面十二等分素线的投影 $a,b,c,\cdots$ 和 $a',b',c',\cdots$。

（2）圆管底口展开为直线,长度为周长 πD,其十二个等分点 $A,B,C,\cdots$,即为圆管表面十二等分素线的位置。

（3）由 $A,B,C,\cdots$ 各点作垂线,并从圆管的主视图取对应素线的实长,得圆管斜口各点。

（4）将素线与斜口各点顺次光滑连接,得斜口圆管的展开图。

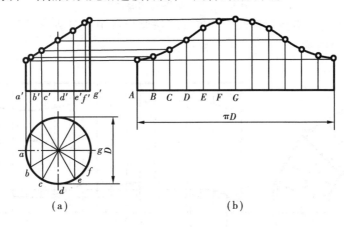

图 4.4　斜口圆管的展开图

2. 作正圆锥管的展开图

如图 4.5（a）为平口圆锥管,它是由正圆锥垂直轴线截切而形成。展开时,先作圆锥的展开图;再作截去部份的展开图。展开图的作法如下:

（1）将圆锥底圆十二等分。

（2）以 S 为圆心、素线 L 为半径画弧,将十二等分所得弦长在弧上依次量取十二等分,得圆锥的展开图。

（3）仍以 S 为圆心、素线 L_1 为半径画弧,得平口圆锥管的展开图（图 4.5（b））。用计算法作图,以素线为半径画弧,取中心角 $\alpha = 180°D/L$（或 $\alpha = 180°D/L_1$）的扇形即为圆锥的展开图。

4.1.4　不可展曲面的近似展开

环形直角弯管的表面是不可展曲面,在工程中常采用多节近似斜口圆管拼接而成。展开图作法如下:

（1）将直角弯管分成头、尾两个半节和中间两个全节,如图 4.6（a）所示。

（2）将弯管各节圆柱一正一反依次叠合,构成一个完整的圆管,如图 4.6（b）所示。

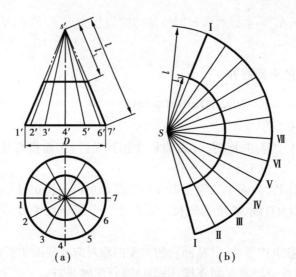

图 4.5　平口圆锥管的展开图

（3）将圆管中的每一节按斜口圆管的展开方法画出各节的分界线，即得直角弯管的近似展开图，如图 4.6（c）所示。

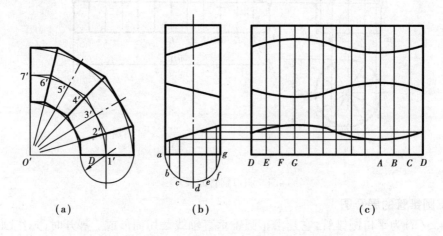

图 4.6　等径直角弯管的近似展开图

4.1.5　变形接头的展开

图 4.7（a）为上圆下方的变形接头，表面由四个相同的等腰三角形和四个相同的部分圆锥面组成。展开图作法如下：

（1）将上口四分之一圆三等分，并与底口顶点连线，得锥面上四条素线的投影（图（b））。用直角三角形法求出素线的实长 $A\text{I} = A\text{IV}$、$A\text{II} = A\text{III}$。

（2）取 $AB = ab$，以 AB 为底边、$A\text{I} = B\text{I}$ 为腰作三角形，即得 $\triangle A\text{I}B$ 的展开图。

（3）以 A 为圆心、$A\text{II}$ 为半径画弧；再以 I 圆心、顶口等分弧的弦长为半径画弧，两弧相交于 II 点，得 $\triangle A\text{I}\text{II}$ 的展开图。同理可求得 III、IV 点。光滑连接 I、II、III、IV 点即为部分锥面的近似展开图（图（c））。

（4）用相同的方法依次作出其余各部份，即得变形接头的展开图。

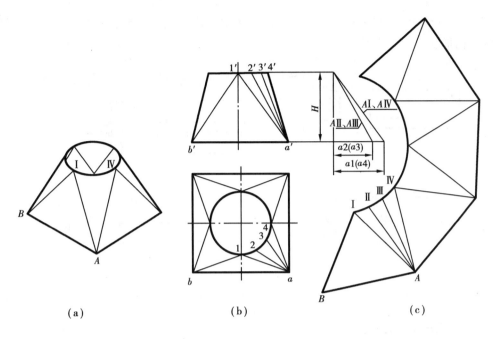

图 4.7　变形接头的展开图

4.2　焊　接　图

用焊接方法制成的构件称为焊接件,表示焊接件的图称为焊接图。焊接图必须完整、清晰地表达构件的结构形状,并在图上用标注的方法说明焊接的有关内容及要求。

4.2.1　焊接型式

图 4.8 是根据两被焊接件之间的相对位置,所表示的四种焊接接头的型式。

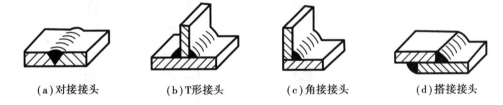

(a)对接接头　　　　(b)T形接头　　　　(c)角接接头　　　　(d)搭接接头

图 4.8　常用焊接接头型式

4.2.2　图上焊缝的表示

国家标准(GB/T 324—1988 及 GB/T 12212—1990)规定,图中表示焊缝的方法有符号及图示两种(图 4.9)。

(1)为了简化图上的焊缝,一般只在焊缝处标注规定的焊缝符号(图 4.9(a))。

(2)当焊缝分布较复杂时,可在图中用图示画出焊缝,同时标注焊缝符号(图 4.9(b))。

(3)在图中,焊缝一般用与轮廓线垂直的细实线段表示(图 4.9(c)),也可采用图线宽度的 2~3 倍粗实线表示(图 4.9(d))。但在同一图中只许采用一种画法。在剖视或断面图中,焊缝的断面形状可涂黑表示。

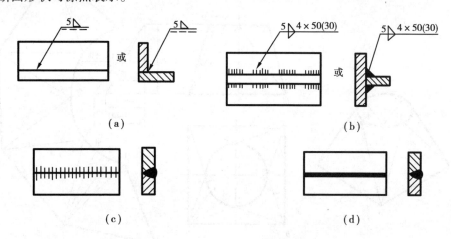

图 4.9　图上焊缝的表示

4.2.3　焊缝符号及标注

焊缝符号由基本符号、辅助符号、补充符号、尺寸符号、箭头和指引线组成。标注格式如表 4.1、表 4.2、表 4.3、表 4.4 所示。

表 4.1　常用焊缝的基本符号及标注示例

名　称	符　号	示　意　图	标　注　示　例		
I 形焊缝	‖			或	
V 形焊缝	∨			或	
带钝边 V 形焊缝	Y			或	
单边 V 形焊缝	⋁			或	
带钝边单边 V 形焊缝	⋎			或	

续表

名 称	符 号	示 意 图	标 注 示 例
角焊缝	△		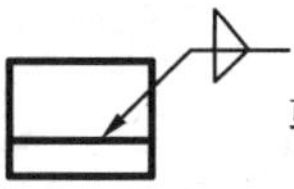 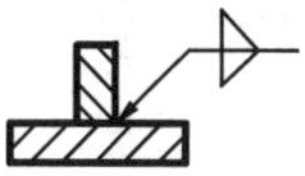
点焊缝	○		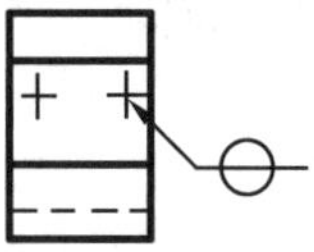 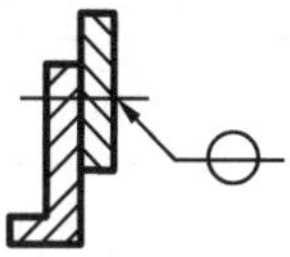

表4.2 常用焊缝的辅助符号及标注示例

名 称	符 号	示 意 图	标 注 示 例	说 明
平面符号	—		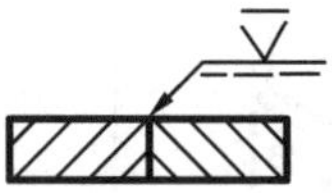	表示 V 形焊缝表面平齐（一般通过加工）
凹面符号	⌣		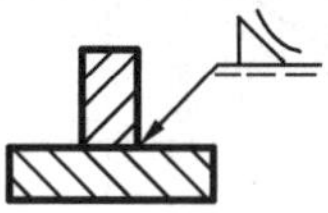	表示角焊缝表面凹陷
凸面符号	⌢		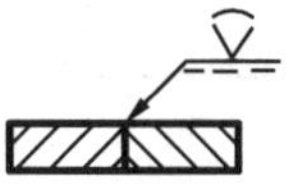	表示 V 形焊缝表面凸起

表4.3 常用焊缝的补充符号及标注示例

名 称	符 号	示 意 图	标 注 示 例	说 明
三面焊缝符号	⊏	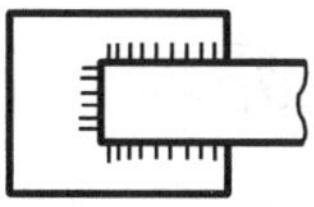	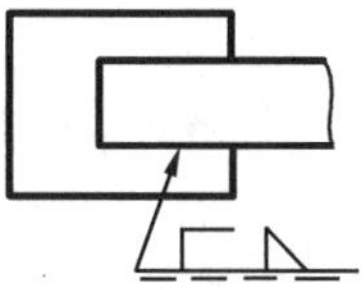	表示三面施焊的角焊缝
周围焊缝符号	○		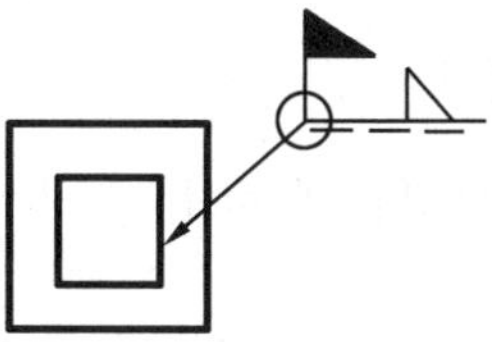	表示现场沿工件周围施焊的角焊缝
现场符号	 ⚑			
尾部符号	<		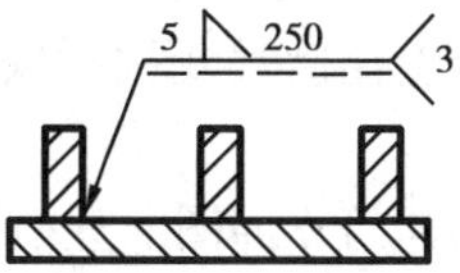 5 △ 250 ⦦ 3	需要说明相同焊缝数量及焊接工艺方法时，可在实线基准线末端加尾部符号。图中表示有 3 条相同的角焊缝

表 4.4　常用焊缝的尺寸符号及标注示例

名　称	符号	示　意　图	标　注　示　例
工件厚度 坡口角度 坡口深度 根部间隙 钝边高度	δ α H b p	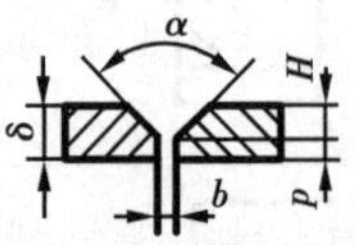	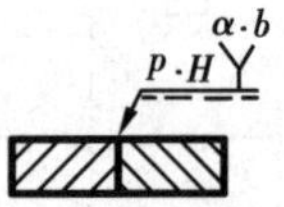
焊缝段数 焊缝长度 焊缝间距 焊角尺寸	n l e K	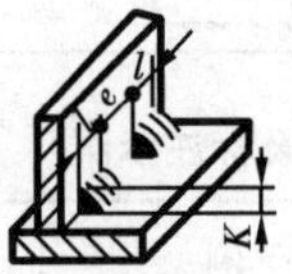	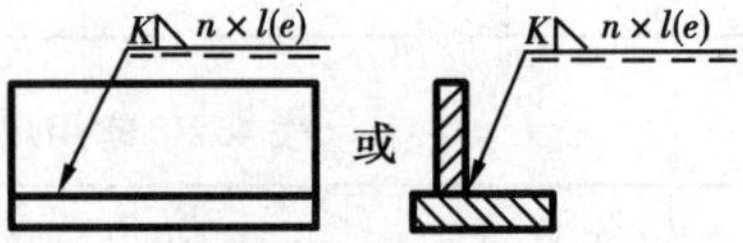
熔核直径	d	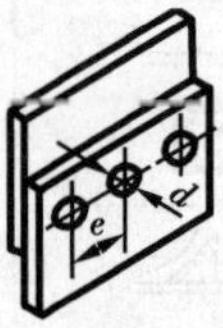	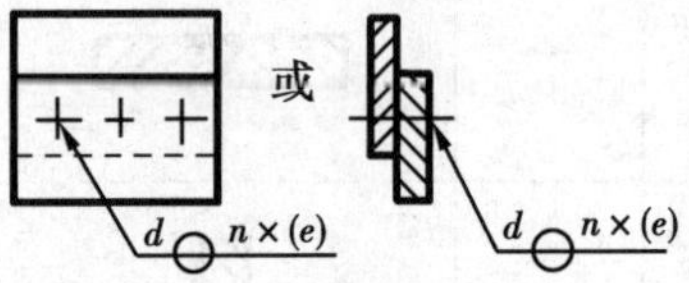
相同焊缝 数量符号	N	—	—

4.2.4　焊接图示例

图 4.10 是结构简单的焊接图。由图中标注可知：圆筒与肋板左右两面均要求周围焊缝，且表面焊角尺寸为 5 mm。肋板与底板为对角焊、焊角尺寸为 6 mm。

4.3　房屋建筑图

工程技术人员应该具备房屋建筑图的基本知识和识读房屋建筑图的初步能力。

4.3.1　常见的房屋建筑图

在建筑图中，平面图、立面图和剖面图是最重要的图样，并且它们有各自的表达特点。

1. 平面图

如图 4.11，假想用水平面过门窗适当位置将房屋剖开，移去上面部分，并将剖切平面以下部分投影所得图形，称为平面图。它主要表达各房间的大小、门窗的方位和开户方向，并注出的相关尺寸。当采用 1∶50 以上比例时，图中省略剖面符号。

2. 立面图

房屋立面的正投影图称为建筑立面图。立面图通常按房屋两端的定位轴线命名；也可以墙面的特征命名为正立面图、侧立面图和背立面图，以及由地理方位命名为南立面图、北立面

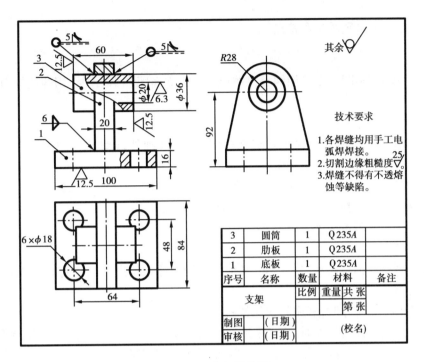

图 4.10　支架焊接图

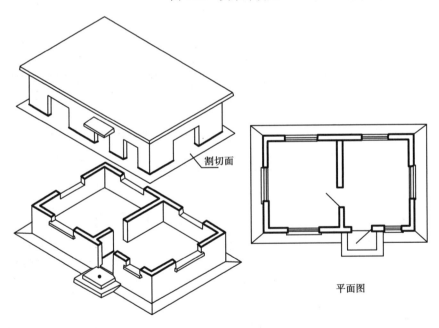

图 4.11　平面图的形成

图、东立面图和西立面图。

3. 剖面图

假想用正平面或侧平面在适当的位置将房屋剖开,移去一部分,画出另一部分的图形,称为剖面图。它主要表达房屋内部的结构形式、分层情况及门窗和房屋的高度。

4.3.2　房屋建筑图的主要特点

1. 比例

由于房屋较大,画图时多采用缩小比例;平面图、立面图和剖面图常用的比例为:1∶50、1∶100、1∶200。

2. 图线

建筑图所用图线,除《机械制图》国家标准规定的几种外,还增加了中实线和粗虚线。看图时,注意以下三种图线的不同用途:

(1)中实线——表示平面图和立面图上的门、窗和台阶等的外轮廓线。

(2)粗点划线——在平面图上表示梁和桁架的轴线位置。

(3)粗虚线——表示地下管道。

3. 尺寸

(1)总平面图和标高尺寸单位为 m,其他图形的尺寸单位为 mm,不符合此规定时,应在图上注明尺寸单位。

(2)在图上标注尺寸时,多用斜线代替箭头。

(3)用标高注法标注尺寸时,应以房屋室内第一层地面为标高零点,并将零点在标高符号"▽"上注写为 ±0.000,高于零点为"+"(可省略),低于零点为"-"。

4. 常用建筑材料及构、配件

在建筑工程中,常用的材料是金属、砖、混凝土等;常用的构件和配件是门、窗和楼梯等的图示见表4.5、表4.6。

表4.5　常用建筑材料图例

名　称	图　例	说　明	名　称	图　例	说　明
自然土		各种自然土	饰面砖		包括铺地砖、马赛克、陶瓷锦砖及人造大理石等
夯实土			混凝土		1. 本图例仅适用于能承重的混凝土及钢筋混凝土 2. 包括各种标号、骨料、添加剂的混凝土
砂、灰土		靠近轮廓线的点密一些	钢筋混凝土		3. 在剖面图上画出钢筋时,不画图例线 4. 断面较窄时可涂黑

续表

名 称	图 例	说 明	名 称	图 例	说 明
毛石			纤维材料		包括麻、丝、玻璃棉、矿渣棉、木丝板、纤维等
普通砖		1. 包括彻体、彻块 2. 断面较窄时可涂红	金属		1. 包括各种金属 2. 图形较小时可涂黑
空心砖		包括多孔砖	木材		1. 上图为横向断面 2. 下图为纵向断面

表4.6 常用建筑构、配件图例

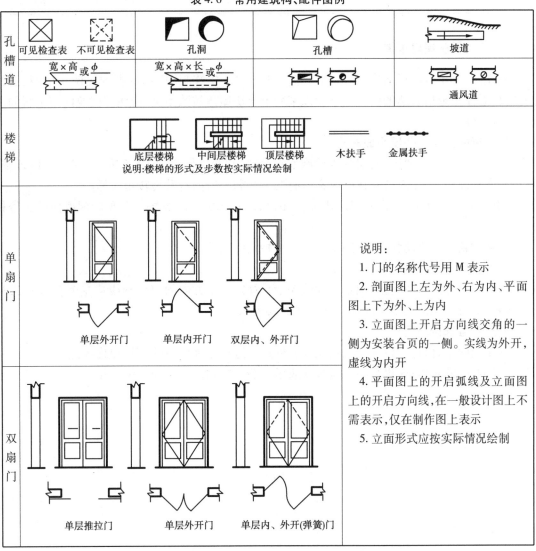

续表

窗	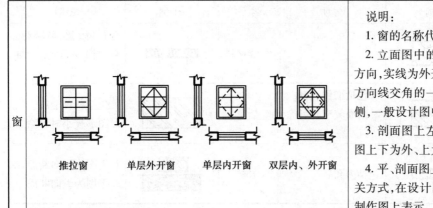	说明：

推拉窗　　单层外开窗　　单层内开窗　　双层内、外开窗

说明：

1. 窗的名称代号用 C 表示

2. 立面图中的斜线表示窗的开关方向，实线为外开，虚线为内开；开启方向线交角的一侧为安装合页的一侧，一般设计图中可不表示

3. 剖面图上左为外、右为内、平面图上下为外、上为内

4. 平、剖面图上的虚线仅为说明开关方式，在设计图中不需表示，仅在制作图上表示

5. 窗的立面形式按实际情况绘制

4.3.3　看房屋建筑图

看图时，先了解图形名称、方法和特点，然后根据《建筑制图》标准中的图例、符号和图线的意义，看懂图形所表达的内容。下面以某变电所房屋建筑图为例，说明看建筑图应了解的内容（图4.12）。

1. 房屋的楼层及各层平面布置

房屋为一楼一底两层，底层分为检修室、工具室和变压器室，4 门、5 窗；二层分为值班室、配电室和外凉台，2 门、4 窗并在配电室内有两个孔洞。房内右后为转角楼梯。

图中 M，C 分别是门、窗的规定代号，下标 1，2，3 等表示编号，同一类型的门或窗的编号相同。

房屋的朝向为座北朝南，在图中用画出的指北针表示。

2. 房屋墙、柱的位置

房屋墙、柱的位置在图中用定位轴线表示。规定水平方向的定位轴线从左至右用 1，2，3，…，表示；竖直方向从上至下用字母 A，B，C，…，表示。

3. 房屋各部份的尺寸

在平面图中，由外至内标注三道尺寸。外边一道尺寸为房屋的总长和总宽；中间一道尺寸是定位轴线间的距离；最里边的一道尺寸表示外墙上门和窗宽度和定位尺寸。

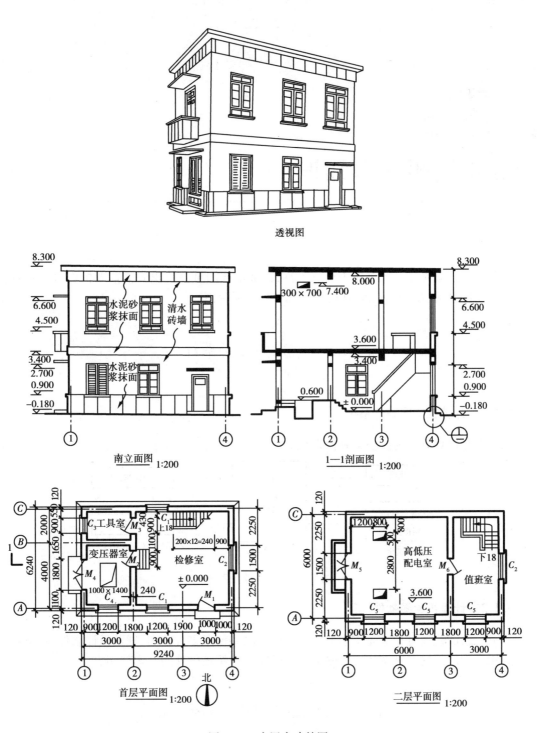

图 4.12　房屋房建筑图

第 5 章
计算机绘图基本知识

计算机绘图就是用计算机作为绘图工具,在屏幕或图纸上绘出我们需要的图样。本章介绍计算机绘图系统、AutoCAD 2000 绘图基础和绘制零件图。

5.1 计算机绘图系统

5.1.1 计算机绘图硬件系统

图 5.1 是以计算机为核心的硬件系统。

图 5.1 计算机绘图系统

5.1.2 计算机绘图软件

计算机绘图是通过程序而实现的。在工业领域中使用多种绘图、辅助设计软件,本书选用目前应用最为广泛的 CAD 软件——AutoCAD 2000,介绍该软件的基本使用方法。

5.2 AutoCAD 2000 绘图基础

5.2.1 AutoCAD 2000 软件的基本操作

1. 启动

双击屏幕桌面上的 AutoCAD 2000 图标,即可启动 AutoCAD 2000 软件。预设的 AutoCAD

2000 屏幕称为工作界面如图 5.2。

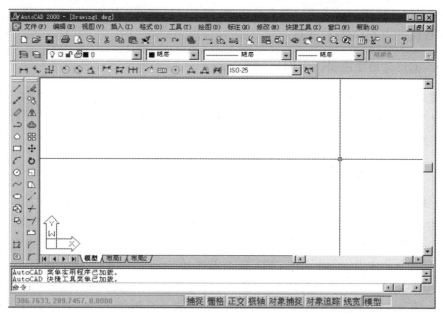

图 5.2　工作界面

2. 开始新图(NEW)

从"文件"菜单中选择"新文件"或单击"新文件"的图标时,在"启动"对话框中有"打开图形"、"默认设置"、"使用样板"和"使用导向"等设定,然后单击"确定"。

3. 打开一个原有的图形文件(OPEN)

在"文件"菜单中单击"打开文件"或单击"打开文件"的图标。

4. 保存图形文件(SAVE)

在"文件"菜单中选择"保存文件"或单击"保存文件"的图标时,可能有两种情况:当文件尚未命名,则显示"图形另存为"对话框,要求输入文件名;如果此文件已存在,将直接保存。

5.2.2　设置图形环境

1. 单位

单击"格式"——"单位"。在图形单位对话框中设置长度、角度等。

2. 图形界限

单击"格式"——"图形界限",确定图纸的大小。

3. 线型、线宽

绘图时,必须按国家标准规定确定各种线型及线宽。在特性工具栏"线型控制"、"线宽控制"中选定。若对线宽进行了设置,但在屏幕上没有显示时,可点击菜单"格式"——"线宽"或在"线宽控制"中直接选定,然后在状态栏中点击"线宽"(图 5.3)。

图 5.3　特性工具栏

4. 对象捕捉

对象捕捉用于精确地输入点。开启该功能,当光标移到直线的中点、端点和圆弧的切点附近时,显示线段的中点、端点和切点。

5.2.3 图形的显示控制(ZOOM)

下拉菜单:视图——缩放(命令:ZOOM 或在标准工具栏中直接点击"缩"、"放"图标)。

功能是放大或缩小屏幕上图形的视觉尺寸,但图形的实际尺寸保持不变。该功能提供了改变屏幕上图形显示方式,以利于操作者观察图形和方便作图。

5.2.4 常用的图形对象

(1)直线(LINE)

画直线,点击工具栏中的"直线"图标。

(2)圆(CIRCLE)

画圆,在工具栏中点击"圆"图标,确定圆心及半径。

(3)圆弧(CIR)

画圆弧,在工具栏中点击"圆弧"图标,确定弧心、起点及角度。

(4)填充图案(BHTACH)

下拉菜单:绘图——填充图案或在工具栏中点击"填充图案"图标。

操作过程:确定类型、图案、样例、角度、间距等,选择填充区域的边界(图5.4)。

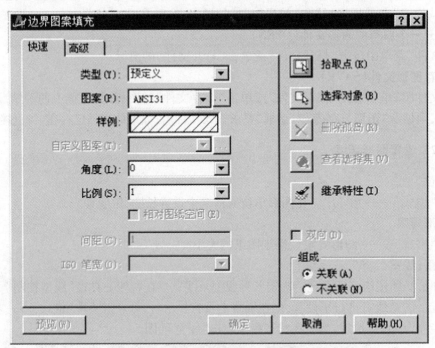

图5.4 边界图案填充对话框

5.2.5　常用图形编辑

(1)删除(ERASE):修改——删除。

从图形中删除指定的对象。

(2)复制(COPY):修改——复制。

将对象复制到指定位置。

(3)镜像(MIRROR):修改——镜像。

将对象按指定的镜像线作镜像复制。

(4)移动(MOVE):修改——移动。

在指定方向上按指定的距离移动对象。

(5)修剪(TRIM):修改——修剪。

用剪切边修剪对象。

5.2.6　文字

(1)文字样式(STYIE):格式——文字样式。

图中的汉字、数字、字母及尺寸数字等都在文字样式对话框中确定(见图5.5)。

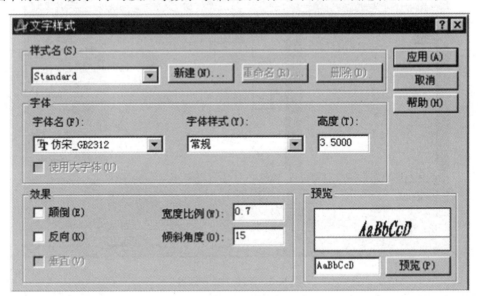

图 5.5　文字样式

(2)单行文字(TEXT):绘图——文字——单行文字。

(3)多行文字(MTEXT):绘图——文字——多行文字。

(4)修改文字(EEDEIT):修改——文字。

说明:在图中注写直径、角度、正负等,在"特殊字符"表中确定,具体作法见后面零件图的标注。

5.2.7 尺寸标注

在"标注"下位菜单中点击所需的尺寸标注;或在标注工具条中点击所需的尺寸标注(图 5.6)。

图 5.6　标注工具条

(1)线性尺寸标注(DIMLINEAR):标注——线性(水平尺寸、竖直尺寸、倾斜尺寸)。

(2)直径尺寸(DIMDIAMETER):标注——直径。

(3)半径尺寸(DIMRADIUS):标注——半径。

(4)角度尺寸(DIMANGULAR):标注——角度。

(5)标注样式(DIMSTYLE):标注——样式。

标注尺寸时,应先建立标注样式,确定尺寸线、尺寸界线和尺寸数字的书写格式。

①执行命令后出现标注样式管理器(图 5.7)。

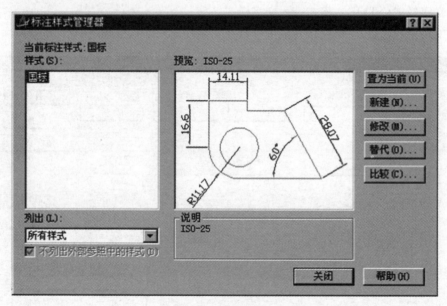

图 5.7　标注样式管理器

②选择新建,出现创建新标注样式(图 5.8)。

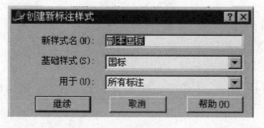

图 5.8　创建新标注样式

③选择继续,屏幕显示新建标注样式(图 5.9)。

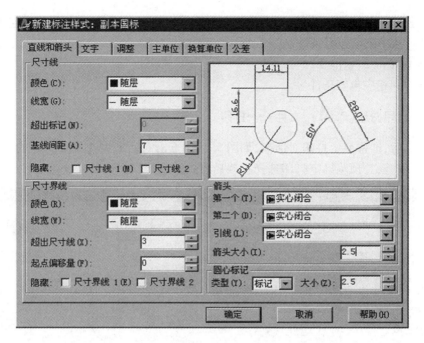

图 5.9　新建标注样式

（6）标注形位公差（TOLERANCE）

下位菜单：标注——公差；工具栏：标注——公差。

执行命令或点击标注——公差，AutoCAD 弹出形位公差对话框（图 5.10）。

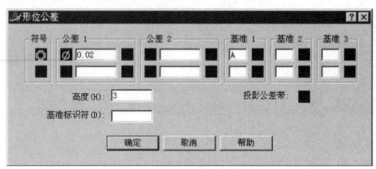

图 5.10　形位公差对话框

①符号

确定形位公差的符号。点击位于"符号"下面的方框，AutoCAD 弹出符号对话框（图 5.11），并在对话框中确定所需的符号。

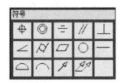

图 5.11　符号对话框

图 5.12　包容条件对话框

②公差 1、公差 2

确定公差。在相应的文本框中输入公差值。此外，可通过点击位于文本框前边的小方框

141

确定是否在公差值前加直径符号;点击位于文本框后边的小方框,AutoCAD 弹出包容条件对话框(图 5.12),从中确定包容条件。

③基准 1、基准 2、基准 3

确定基准和相应包容条件。

5.2.8　打印图形(PLOT):文件——打印

执行命令后,屏幕显示打印对话框,如图 5.13。点击对话框中选择要打印的对象,如图纸尺寸、打印比例等,并预览确定打印选择正确后,点击"确定"打印。

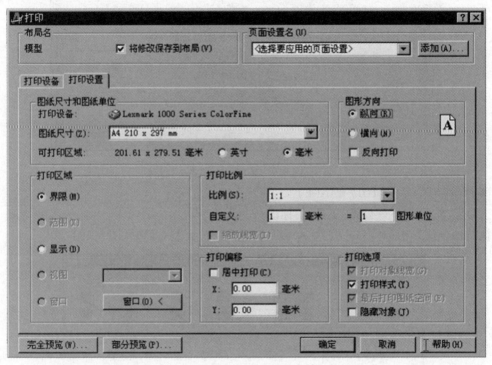

图 5.13　打印对话框

5.3　AutoCAD 2000 绘制零件图

● 绘制如图 5.14 所示的手柄平面图。

图形以水平轴线上下对称,先作出上半部图形再以镜像完成手柄平面图。作图步骤如图 5.15 所示:

(1)画作图基准线及已知线段(图 5.15(a))。

①用直线命令,线型为细点画线画水平轴线。

②用直线命令,粗实线画出已知直线段。

③用圆命令,粗实线画出 $\phi6$ 的圆。

④用圆弧命令,粗实线画出半径 $R10$、$R15$ 的圆弧。

（2）确定连接弧心,画连接线段(图 5.15(b))。

①用圆弧命令及圆弧连接关系确定弧心 O_1、O_2。

②用圆弧命令画出连接弧 $R15$、$R12$。

（3）用修剪和删除命令清除多余图线(图 5.15(c))。

（4）在线型、线宽控制中确定各种图线。

（5）用镜像命令完成手柄平面图(图 5.15(d))。

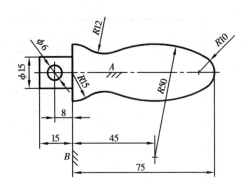

图 5.14　手柄平面图

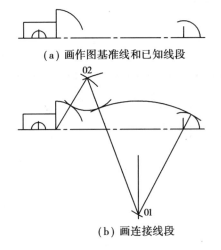

（a）画作图基准线和已知线段

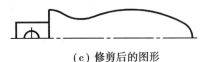

（c）修剪后的图形

（b）画连接线段

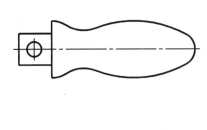

（d）镜像后的平面图

图 5.15　手柄平面图形的作图步骤

●绘制如图 5.16 的零件图,并标注尺寸、形位公差和注写零件的技术要求。

（1）作图步骤(图 5.17)：

①画图框线和标题栏(图(a))。

②画作图基准线及套筒水平轴线以上半部分(图(b))。

a)由长度尺寸画出各段竖直线。

b)由各直径画出水平线段。

c)用修剪命令清除多余图线。

d)用倒角命令将直径 $\phi40$、$\phi42$、$\phi48$ 端部倒角。

③完成套筒视图。

a)在线型、线宽控制中确定各种图线。

b)用镜像完成下半部图形,并删除多余的孔 $\phi4$。

c)在图案填充对话框中,确定类型、图案、样例、角度、间距等,选择填充区域完成剖视图。

（2）标注如图 5.17(d)：

①标注尺寸

a)标注线性尺寸。

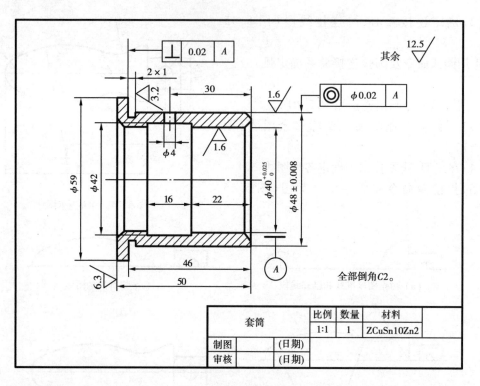

图 5.16　套筒的零件图

b）标注直径及尺寸公差。

②标注形位公差

a）标注垂直度公差。

b）标注同轴度公差。

（3）标注表面粗糙度。

（4）注写技术要求，填写标题栏。

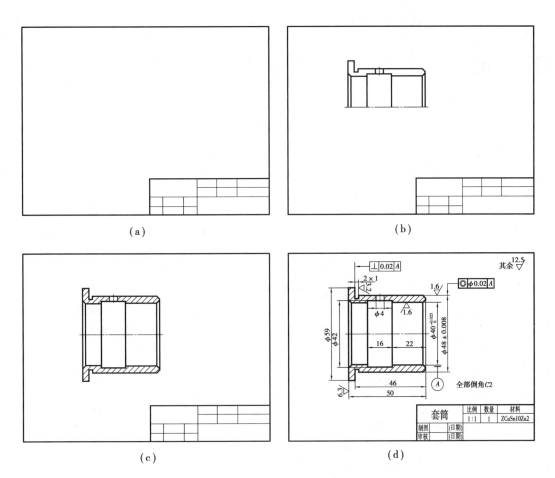

图 5.17　零件图的绘图步骤

附 录

一、螺纹

附表1　普通螺纹直径与螺距(摘自 GB/T 196~197—1981)　　　　　　/mm

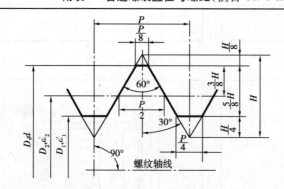

D—内螺纹大径

d—外螺纹大径

D_2—内螺纹中径

d_2—外螺纹中径

D_1—内螺纹小径

d_1—外螺纹小径

P—螺距

标记示例：
M10-6g(粗牙普通外螺纹、公称直径 $d=10$、右旋、中径及大径公差带均为6g、中等旋合长度)
M10×1LH-6H(细牙普通内螺纹、公称直径 $D=10$、螺距 $P=1$、左旋、中径及小径公差带均为6H、中等旋合长度)

公称直径 D,d			螺 距 P		粗牙螺纹小径 D_1,d_1
第一系列	第二系列	第三系列	粗 牙	细 牙	
4	—	—	0.7	0.5	3.242
5	—	—	0.8		4.134
6	—	—	1	0.75、(0.5)	4.917
		7			5.917
8	—	—	1.25	1、0.75、(0.5)	6.647
10	—	—	1.5	1.25、1、0.75、(0.5)	8.376
12	—	—	1.75	1.5、1.25、1、(0.75)、(0.5)	10.106
—	14	—	2		11.835
		15		1.5、(1)	*13.376
16	—	—	2	1.5、1、(0.75)、(0.5)	13.835
—	18	—			15.294
20	—	—	2.5	2、1.5、1、(0.75)、(0.5)	17.294
—	22	—			19.294
24	—	—	3	2、1.5、1、(0.75)	20.752
—	—	25	—	2、1.5、(1)、	*22.835
—	27	—	3	2、1.5、1、(0.75)	23.752
30	—	—	3.5	(3)、2、1.5、1、(0.75)	26.211
—	33	—		(3)、2、1.5、(1)、(0.75)	29.211
—	—	35	—	1.5	*33.376
36	—	—	4	3、2、1.5、(1)	31.670
—	39	—			34.670

注：1. 优先选用第一系列,其次是第二系列,第三系列尽可能不用。
　　2. 括号内尺寸尽可能不用。
　　3. M14×1.25 仅用于火花塞;M35×1.5 仅用于滚动轴承锁紧螺母。
　　4. 带 * 号的为细牙参数,是对应于第一种细牙螺距的小径尺寸。

附表2　梯形螺纹(摘自 GB/T 5796.1~5796.4—1986)　　　　　　/mm

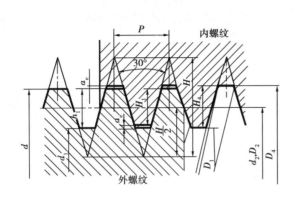

d—外螺纹大径(公称直径)

d_3—外螺纹小径

D_4—内螺纹大径

D_1—内螺纹小径

d_2—外螺纹中径

D_2—内螺纹中径

P—螺距

a_c—牙顶间隙

标记示例:

Tr40×7-7H(单线梯形内螺纹、公称直径 $d=40$、螺距 $P=7$、右旋、中径公差带为7H、中等旋合长度)

Tr60×18($P9$)LH-8e-L(双线梯形外螺纹、公称直径 $d=60$、导程 $S=18$、螺距 $P=9$、左旋、中径公差带为8e、长旋合长度)

梯形螺纹的基本尺寸													
d 公称系列		螺距	中径	大径	小	径	d 公称系列		螺距	中径	大径	小	径
第一系列	第二系列	P	$d_2=D_2$	D_4	d_3	D_1	第一系列	第二系列	P	$d_2=D_2$	D_4	d_3	D_1
8	—	1.5	7.25	8.3	6.2	6.5	32	—	6	29.0	33	25	26
—	9	2	8.0	9.5	6.5	7	—	34	6	31.0	35	27	28
10	—	2	9.0	10.5	7.5	8	36	—	6	33.0	37	29	30
—	11	2	10.0	11.5	8.5	9	—	38	7	34.5	39	30	31
12	—	3	10.5	12.5	8.5	9	40	—	7	36.5	41	32	33
—	14	3	12.5	14.5	10.5	11	—	42	7	38.5	43	34	35
16	—	3	14.0	16.5	11.5	12	44	—	7	40.5	45	36	37
—	18	4	16.0	18.5	13.5	14	—	46	8	42.0	47	37	38
20	—	4	18.0	20.5	15.5	16	48	—	8	44.0	49	39	40
—	22	4	19.5	22.5	16.5	17	—	50	8	46.0	51	41	42
24	—	5	21.5	24.5	18.5	19	52	—	8	48.0	53	43	44
—	26	5	23.5	26.5	20.5	21	—	55	9	50.5	56	45	46
28	—	5	25.5	28.5	22.5	23	60	—	9	55.5	61	50	51
—	30	6	27.0	31.0	23.0	24	—	65	10	60.0	66	54	55

注:1. 优先选用第一系列的直径。

　　2. 表中所列的螺距和直径,是优先选择的螺距及与之对应的直径。

附表3 管 螺 纹

用螺纹密封的管螺纹	非螺纹密封的管螺纹
（摘自 GT/T 7306—1987）	（摘自 GB/T 7307—1987）

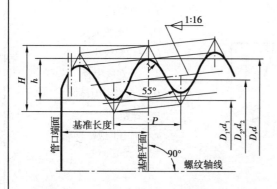 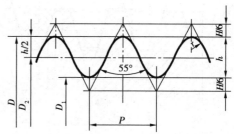

标记示例：	标记示例：
R1½（尺寸代号 1½,右旋圆锥外螺纹）	G1½-LH（尺寸代号 1½,左旋内螺纹）
Rc1¼ -LH（尺寸代号 1¼,左旋圆锥内螺纹）	G1¼A（尺寸代号 1¼,A 级右旋外螺纹）
Rp2（尺寸代号 2,右旋圆柱内螺纹）	G2B-LH（尺寸代号 2,B 级左旋外螺纹）

尺寸代号	基面上的直径（GB/T 7306）基本直径（GB/T 7307）			螺距 P/mm	牙高 h/mm	圆弧半径 r/mm	每 25.4 mm 内的牙数 n	有效螺纹长度/mm（GB 7306）	基准的基本长度/mm（GB/T 7306）
	大 径 $d = D$ /mm	中 径 $d_2 = D_2$ /mm	小 径 $d_1 = D_1$ /mm						
1/16	7.723	7.142	6.561	0.907	0.581	0.125	28	6.5	4.0
1/8	9.728	9.147	8.566						
1/4	13.157	12.301	11.445	1.337	0.856	0.184	19	9.7	6.0
3/8	16.662	15.806	14.950					10.1	6.4
1/2	20.955	19.793	18.631	1.814	1.162	0.249	14	13.2	8.2
3/4	26.441	25.279	24.117					14.5	9.5
1	33.249	31.770	30.291					16.8	10.4
1¼	41.910	40.431	38.952					19.1	12.7
1½	47.803	46.324	44.845						
2	59.614	58.135	56.656					23.4	15.9
2½	75.184	73.705	72.226	2.309	1.479	0.317	11	26.7	17.5
3	87.884	86.405	84.926					29.8	20.6
4	113.030	111.551	110.072					35.8	25.4
5	138.430	136.951	135.472					40.1	28.6
6	163.830	162.351	160.872						

二、常用标准件

附表4　六角头螺栓(一)　　　　　　　　　　　　　　/mm

六角头螺栓—A和B级(摘自GB/T 5782—2000)

六角头螺栓—细牙—A和B级(摘自GB/T 5785—2000)

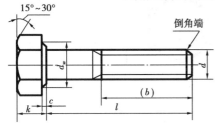

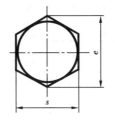

标记示例:

螺栓　GB/T 5782　M12×100
(螺纹规格 d = M12、公称长度 l = 100、性能等级为8.8级,表面氧化、杆身半螺纹、A级的六角头螺栓)

六角头螺栓—全螺纹—A和B级(摘自GB/T 5783—2000)

六角头螺栓—细牙—全螺纹—A和B级(摘自GB/T 5786—2000)

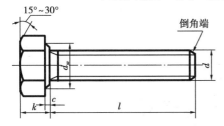

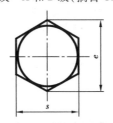

标记示例:

螺栓　GB/T 5786　M30×2×80(螺纹规格 d = M30×2、公称长度 l = 80、性能等级为8.8级,表面氧化、全螺纹、B级的细牙六角头螺栓)

螺纹规格	d	M4	M5	M6	M8	M10	M12	M16	M20	M24	M30	M36	M42	M48
	$D×P$	—	—	—	M8×1	M10×1	M12×1.5	M16×1.5	M20×2	M24×2	M30×2	M36×3	M42×3	M48×3
b 参考	$l≤125$	14	16	18	22	26	30	38	46	54	66	78	—	—
	$125<l≤200$	—	—	—	28	32	36	44	52	60	72	84	96	108
	$l>200$	—	—	—	—	—	—	57	65	73	85	97	109	121
c_{max}		0.4	0.5		0.6			0.8					1	
$k_{公称}$		2.8	3.5	4	5.3	6.4	7.5	10	12.5	15	18.7	22.5	26	30
$d_{s\,max}$		4	5	6	8	10	12	16	20	24	30	36	42	48
$s_{max}=公称$		7	8	10	13	16	18	24	30	36	46	55	65	75
e_{min}	A	7.66	8.79	11.05	14.38	17.77	20.03	26.75	33.53	39.98	—	—	—	—
	B	—	8.63	10.89	14.2	17.59	19.85	26.17	32.95	39.55	50.85	60.79	72.02	82.6
$d_{w\,min}$	A	5.9	6.9	8.9	11.6	14.6	16.6	22.5	28.2	33.6	—	—	—	—
	B	—	6.7	8.7	11.4	14.4	16.4	22	27.7	33.2	42.7	51.1	60.6	69.4
l 范围	GB 5782	25~40	25~50	30~60	35~80	40~100	45~120	55~160	65~200	80~240	90~300	100~360	130~400	140~400
	GB 5785											100~300		
	GB 5783	8~40	10~50	12~60	16~80	20~100	25~100	35~100	400~100				80~500	100~500
	GB 5786	—	—	—			25~120	35~160	40~200				90~400	100~500
l 系列	GB 5782 GB 5785	20~65(5 进位)、70~160(10 进位)、180~400(20 进位)												
	GB 5783 GB 5786	6、8、10、12、16、18、20~65(5 进位)、70~160(10 进位)、180~500(20 进位)												

注:1. P——螺距。末端按GB/T 2—2000规定。

　　2. 螺纹公差:6g;机械性能等级:8.8。

　　3. 产品等级:A 级用于 $d≤24$ 和 $l≤10d$ 或 ≤150 mm(按较小值);

　　　　　　　B 级用于 $d>24$ 和 $l>10d$ 或 >150 mm(按较小值)。

附表5　六角头螺栓(二)　　　　　　　/mm

六角头螺栓—C级(摘自 GB/T 5780—2000)

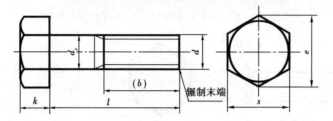

标记示例：

螺栓　GB/T 5780　M20×100

(螺纹规格 d = M20、公称长度 l = 100、性能等级为4.8级、不经表面处理、杆身半螺纹、C级的六角头螺栓)

六角头螺栓—全螺纹—C级(摘自 GB/T 5781—2000)

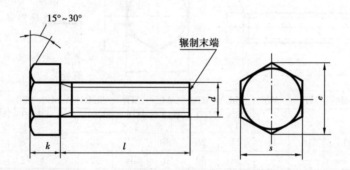

标记示例：

螺栓　GB/T 5781　M12×80

(螺纹规格 d = M12、公称长度 l = 80、性能等级为4.8级、不经表面处理、全螺纹、C级的六角头螺栓)

螺纹规格 d		M5	M6	M8	M10	M12	M16	M20	M24	M30	M36	M42	M48
$b_{参考}$	$l \leq 125$	16	18	22	26	30	38	46	54	66	78	—	—
	$125 < l \leq 1\,200$	—	—	28	32	36	44	52	60	72	84	96	108
	$l > 200$	—	—	—	—	—	57	65	73	85	97	109	121
	$k_{公称}$	3.5	4.0	5.3	6.4	7.5	10	12.5	15	18.7	22.5	26	30
	s_{max}	8	10	13	16	18	24	30	36	46	55	65	75
	e_{max}	8.63	10.9	14.2	17.6	19.9	26.2	33.0	39.6	50.9	60.8	72.0	82.6
	d_{smax}	5.48	6.48	8.58	10.6	12.7	16.7	20.8	24.8	30.8	37.0	45.0	49.0
$l_{范围}$	GB 5780—2000	25 ~ 50	30 ~ 60	35 ~ 80	40 ~ 100	45 ~ 120	50 ~ 160	65 ~ 200	80 ~ 240	90 ~ 300	110 ~ 300	160 ~ 420	180 ~ 480
	GB 5781—2000	10 ~ 40	12 ~ 50	16 ~ 65	20 ~ 80	25 ~ 100	35 ~ 100	40 ~ 100	50 ~ 100	60 ~ 100	70 ~ 100	80 ~ 420	90 ~ 480
$l_{系列}$		10、12、16、20 ~ 50(5 进位)、(55)、60、(65)、70 ~ 160(10 进位)、180、220 ~ 500(20 进位)											

注：1. 括号内的规格尽可能不用。末端按 GB/T 2—2000 规定。

　　2. 螺纹公差：8g(GB/T 5780—2000)；6g(GB/T 5781—2000)；机械性能等级：4.6、4.8；产品等级：C。

附表6　1型六角螺母　　　　　　　/mm

1 型六角螺母—A 和 B 级(摘自 GB/T 6170—2000)

1 型六角头螺母—细牙—A 和 B 级(摘自 GB/T 6171—2000)

1 型六角螺母—C 级(摘自 GB/T 41—2000)

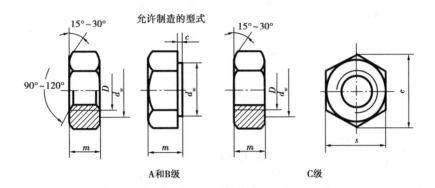

A和B级　　　　　　　C级

标记示例:

螺母　GB/T 41 M12

(螺纹规格 D = M12、性能等级为 5 级、不经表面处理、C 的 1 型六角螺母)

螺母　GB/T 6171　M24×2

(螺纹规格 D = M24、螺距 P = 2、性能等级为 10 级、不经表面处理、B 级的 1 型细牙六角螺母)

螺纹规格	D	M4	M5	M6	M8	M10	M12	M16	M20	M24	M30	M36	M42	M48
	$D×P$	—	—	—	M8×1	M10×1	M12×1.5	M16×1.5	M20×2	M24×2	M30×2	M36×3	M42×3	M48×3
C		0.4	0.5		0.6			0.8				1		
S_{max}		7	8	10	13	16	18	24	30	36	46	55	65	75
e_{min}	A、B 级	7.66	8.79	11.05	14.38	17.77	20.03	26.75	32.95	39.95	50.85	60.79	72.02	82.6
	C 级	—	8.63	10.89	14.2	17.59	19.85	26.17						
m_{max}	A、B 级	3.2	4.7	5.2	6.8	8.4	10.8	14.8	18	21.5	25.6	31	34	38
	C 级	—	5.6	6.1	7.9	9.5	12.2	15.9	18.7	22.3	26.4	31.5	34.9	38.9
d_{wmin}	A、B 级	5.9	6.9	8.9	11.6	14.6	16.6	22.5	27.7	33.2	42.7	51.1	60.6	69.4
	C 级	—	6.9	8.7	11.5	14.5	16.5	22						

注:1. P——螺距。

　　2. A 级用于 D≤16 的螺母;B 级用于 D>16 的螺母;C 级用于 D≥5 的螺母。

　　3. 螺纹公差:A、B 级为 6H,C 级为 7H;机械性能等级:A、B 级为 6、8、10 级,C 级为 4、5 级。

附表7　双头螺柱(摘自 GB/T 897～900—1988)　　　　　　　　　　　　　/mm

$b_m=1d$(GB/T 897—1988);$b_m=1.25d$(GB/T 898—1988);$b_m=1.5d$(GB/T 899—1988);$b_m=2d$(GB/T 900—1988)

A 型　　　　　　　　　　　　　　　　　　　　B 型

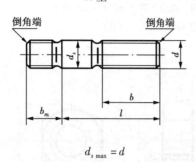
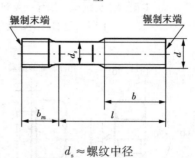

$d_{s\,max}=d$　　　　　　　　　　　　　　　　$d_s\approx$螺纹中径

标记示例:

螺柱　GB/T 900—1988　M10×50

(两端均为粗牙普通螺纹、$d=10$、$l=50$、性能等级为4.8级、不经表面处理、B型、$b_m=2d$ 的双头螺柱)

螺柱　GB/T 900—1988　AM10-10×1×50

(旋入机体一端为粗牙普通螺纹、旋螺母端为螺距 $P=1$ 的细牙普通螺纹、$d=10$、$l=50$、性能等级为4.8级、不经表面处理、A型、$b_m=2d$ 的双头螺柱)

螺纹规格 d	b_m(旋入机体端长度)				l/b(螺柱长度/旋螺母端长度)				
	GB/T 897	GB/T 898	GB/T 899	GB/T 900					
M4	—	—	6	8	$\dfrac{16\sim22}{8}$	$\dfrac{25\sim40}{14}$			
M5	5	6	8	10	$\dfrac{16\sim22}{10}$	$\dfrac{25\sim50}{16}$			
M6	6	8	10	12	$\dfrac{20\sim22}{10}$	$\dfrac{25\sim30}{14}$	$\dfrac{32\sim75}{18}$		
M8	8	10	12	16	$\dfrac{20\sim22}{12}$	$\dfrac{25\sim30}{16}$	$\dfrac{32\sim90}{22}$		
M10	10	12	15	20	$\dfrac{25\sim28}{14}$	$\dfrac{30\sim38}{16}$	$\dfrac{40\sim120}{26}$	$\dfrac{130}{32}$	
M12	12	15	18	24	$\dfrac{25\sim30}{14}$	$\dfrac{32\sim40}{16}$	$\dfrac{45\sim120}{26}$	$\dfrac{130\sim180}{32}$	
M16	16	20	24	32	$\dfrac{30\sim38}{16}$	$\dfrac{40\sim55}{20}$	$\dfrac{60\sim120}{30}$	$\dfrac{130\sim200}{36}$	
M20	20	25	30	40	$\dfrac{35\sim40}{20}$	$\dfrac{45\sim65}{30}$	$\dfrac{70\sim120}{38}$	$\dfrac{130\sim200}{44}$	
(M24)	24	30	36	48	$\dfrac{45\sim50}{25}$	$\dfrac{55\sim75}{35}$	$\dfrac{80\sim120}{46}$	$\dfrac{130\sim200}{52}$	
(M30)	30	38	45	60	$\dfrac{60\sim65}{40}$	$\dfrac{70\sim90}{50}$	$\dfrac{95\sim120}{60}$	$\dfrac{130\sim200}{72}$	$\dfrac{210\sim250}{85}$
M36	36	45	54	72	$\dfrac{65\sim75}{45}$	$\dfrac{80\sim110}{60}$	$\dfrac{120}{78}$	$\dfrac{130\sim200}{84}$	$\dfrac{210\sim300}{97}$
M42	42	52	63	84	$\dfrac{70\sim80}{50}$	$\dfrac{85\sim110}{70}$	$\dfrac{120}{90}$	$\dfrac{130\sim200}{96}$	$\dfrac{210\sim300}{109}$
M48	48	60	72	96	$\dfrac{80\sim90}{60}$	$\dfrac{95\sim110}{80}$	$\dfrac{120}{102}$	$\dfrac{130\sim200}{108}$	$\dfrac{210\sim300}{121}$
l系列	12、(14)、16、(18)、20、(22)、25、(28)、30、(32)、35、(38)、40、45、50、55、60、(65)、70、75、80、(85)、90、(95)、100～260(10进位)、280、300								

注:1. 尽可能不采用括号内的规格。末端按 GB/T2—2000 规定。

2. $b_m=1d$,一般用于钢对钢;$b_m=(1.25\sim1.5)d$,一般用于钢对铸铁、$b_m=2d$,一般用于钢对铝合金。

附表8　螺　钉(一)　　　　　　　　　　/mm

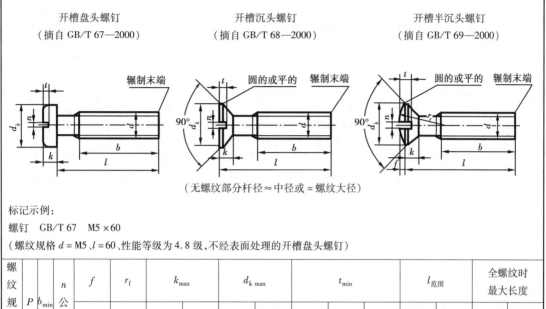

开槽盘头螺钉（摘自 GB/T 67—2000）　　开槽沉头螺钉（摘自 GB/T 68—2000）　　开槽半沉头螺钉（摘自 GB/T 69—2000）

（无螺纹部分杆径≈中径或=螺纹大径）

标记示例：

螺钉　GB/T 67　M5×60

（螺纹规格 d = M5、l = 60、性能等级为 4.8 级,不经表面处理的开槽盘头螺钉）

螺纹规格 d	P	b_{min}	n 公称	f	r_f	k_{max}		$d_{k\,max}$		t_{min}			l 范围		全螺纹时最大长度	
				GB/T69	GB/T67	GB/T67	GB/T68 GB/T69	GB/T67	GB/T68 GB/T69	GB/T67	GB/T68	GB/T69	GB/T67	GB/T68 GB/T69	GB/T67	GB/T68 GB/T69
M2	0.4	25	0.5	4	0.5	1.3	1.2	4	3.8	0.5	0.4	0.8	2.5~20	3~20	30	30
M3	0.5	25	0.8	6	0.7	1.8	1.65	5.6	5.5	0.7	0.6	1.2	4~30	5~30	30	30
M4	0.7	25	1.2	9.5	1	2.4	2.7	8	8.4	1	1	1.6	5~40	6~40	40	45
M5	0.8	25	1.2	9.5	1.2	3	2.7	9.5	9.3	1.2	1.1	2	6~50	8~50	40	45
M6	1	38	1.6	12	1.4	3.6	3.3	12	12	1.4	1.2	2.4	8~60	8~60	40	45
M8	1.25	38	2	16.5	2	4.8	4.65	16	16	1.9	1.8	3.2	10~80	10~80	40	45
M10	1.5	38	2.5	19.5	2.3	6	5	20	20	2.4	2	3.8	10~80	10~80	40	45

l 系列　2、2.5、3、4、5、6、8、10、12、(14)、16、20~50(5 进位)、(55)、60、(65)、70、(75)、80

注:螺纹公差:6g;机械性能等级:4.8、5.8;产品等级:A。

附表 9 螺 钉(二) /mm

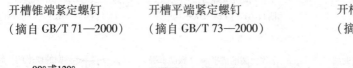

开槽锥端紧定螺钉（摘自 GB/T 71—2000）　　开槽平端紧定螺钉（摘自 GB/T 73—2000）　　开槽长圆柱端紧定螺钉（摘自 GB/T 75—2000）

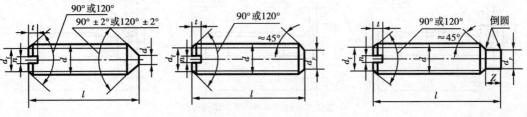

标记示例：

螺钉 GB/T 71 M5×20

（螺纹规格 d = M5、公称长度 l = 20、性能等级为 14H 级、表面氧化的开槽锥端紧定螺钉）

螺纹规格 d	P	d_f	$d_{t\ max}$	$d_{p\ max}$	$n_{公称}$	t_{max}	Z_{max}	$l_{范围}$		
								GB 71	GB 73	GB 75
M2	0.4	螺纹小径	0.2	1	0.25	0.84	1.25	3~10	2~10	3~10
M3	0.5		0.3	2	0.4	1.05	1.75	4~16	3~16	5~16
M4	0.7		0.4	2.5	0.6	1.42	2.25	6~20	4~20	6~20
M5	0.8		0.5	3.5	0.8	1.63	2.75	8~25	5~25	8~25
M6	1		1.5	4	1	2	3.25	8~30	6~30	8~30
M8	1.25		2	5.5	1.2	2.5	4.3	10~40	8~40	10~40
M10	1.5		2.5	7	1.6	3	5.3	12~50	10~50	12~50
M12	1.75		3	8.5	2	3.6	6.3	14~60	12~60	14~60
$l_{系列}$	2、2.5、3、4、5、6、8、10、12、(14)、16、20、25、30、35、40、45、50、(55)、60									

注：螺纹公差：6g；机械性能等级：14H、22H；产品等级：A。

附表 10　内六角圆柱头螺钉(摘自 GB/T 70.1—2000)　　　　　/mm

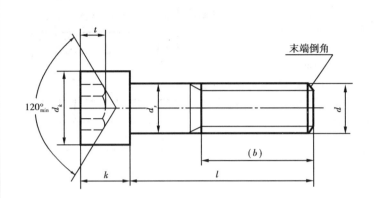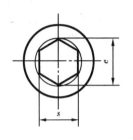

标记示例:

螺钉 GB/T 70.1 M5×20

(螺纹规格 d = M5、公称长度 l = 20、性能等级为 8.8 级、表面氧化的内六角圆柱头螺钉)

螺纹规格 d	M4	M5	M6	M8	M10	M12	(M14)	M16	M20	M24	M30	M36
螺距 P	0.7	0.8	1	1.25	1.5	1.75	2	2	2.5	3	3.5	4
b 参考	20	22	24	28	32	36	40	44	52	60	72	84
$d_{k\,max}$ 光滑头部	7	8.5	10	13	16	18	21	24	30	36	45	54
$d_{k\,max}$ 滚花头部	7.22	8.72	10.22	13.27	16.27	18.27	21.33	24.33	30.33	36.39	45.39	54.46
k_{max}	4	5	6	8	10	12	14	16	20	24	30	36
t_{min}	2	2.5	3	4	5	6	7	8	10	12	15.5	19
S 公称	3	4	5	6	8	10	12	14	17	19	22	27
e_{min}	3.44	4.58	5.72	6.86	9.15	11.43	13.72	16	19.44	21.73	25.15	30.35
$d_{s\,max}$	4	5	6	8	10	12	14	16	20	24	30	36
l 范围	6~40	8~50	10~60	12~80	16~100	20~120	25~140	25~160	30~200	40~200	45~200	55~200
全螺纹时最大长度	25	25	30	35	40	45	55	55	65	80	90	100
l 系列	6、8、10、12、(14)、(16)、20~50(5 进位)、(55)、60、(65)、70~160(10 进位)、180、200											

注:1. 括号内的规格尽可能不用。末端按 GB/T 2—2000 规定。

　　2. 机械性能等级:8.8、12.9。

　　3. 螺纹公差:机械性能等级 8.8 级时为 6g,12.9 级时为 5g、6g。

　　4. 产品等级:A。

附表 11 垫 圈 /mm

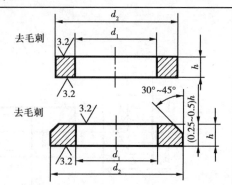

小垫圈—A 级（摘自 GB/T 848—1985）

平垫圈—A 级（摘自 GB/T 97.1—1985）

平垫圈 倒角型—A 级（摘自 GB/T 97.2—1985）

平垫圈—C 级（摘自 GB/T 95—1985）

大垫圈—A 和 C 级（摘自 GB/T 96—1985）

特大垫圈—C 级（摘自 GB/T 5287—1985）

标记示例：

垫圈 GB/T 95—1985 8—100HV

（标准系列、公称尺寸 $d=8$、性能等级为 100HV 级、不经表面处理的平垫圈）

垫圈 GB/T 97.2—1985 8—A140

（标准系列、公称尺寸 $d=8$、性能等级为 A140 级、倒角型、不经表面处理的平垫圈）

公称尺寸（螺纹规格）	标准系列									特大系列			大系列			小系列		
	GB/T 95（C 级）			GB/T 97.1（A 级）			GB/T 97.2（A 级）			GB/T 5287（C 级）			GB/T 96（A 和 C 级）			GB/T 848（A 级）		
	d_1 min	d_2 max	h	d_1 min	d_2 max	h	d_1 min	d_2 max	h	d_1 min	d_2 max	h	d_1 min	d_2 max	h	d_1 min	d_2 max	h
4	—	—	—	4.3	9	0.8	—	—	—	—	—	—	4.3	12	1	4.3	8	0.5
5	5.5	10	1	5.3	10	1	5.3	10	1	5.5	18	2	5.3	15	1.2	5.3	9	1
6	6.6	12	1.6	6.4	12	1.6	6.4	12	1.6	6.6	22		6.4	18	1.6	6.4	11	1.6
8	9	16		8.4	16		8.4	16		9	28	3	8.4	24	2	8.4	15	
10	11	20	2	10.5	20	2	10.5	20	2	11	34		10.5	30	2.5	10.5	18	
12	13.5	24	2.5	13	24	2.5	13	24	2.5	13.5	44	4	13	37		13	20	2
14	15.5	28		15	28		15	28		15.5	50		15	44		15	24	2.5
16	17.5	30	3	17	30	3	17	30	3	17.5	56	5	17	50		17	28	
20	22	37		21	37		21	37		22	72		22	60	4	21	34	3
24	26	44	4	25	44	4	25	44	4	26	85	6	26	72	5	25	39	
30	33	56		31	56		31	56		33	105		33	92	6	31	50	4
36	39	66	5	37	66	5	37	66	5	39	125	8	39	110	8	37	60	5
42①	45	78	8	—	—	—	—	—	—	—	—	—	45	125	10	—	—	—
48①	52	92		—	—	—	—	—	—	—	—	—	52	145		—	—	—

注：1. A 级适用于精装配系列，C 级适用于中等装配系列。

2. C 级垫圈没有 $R_a3.2$ 和去毛刺的要求。

3. GB/T 848—1985 主要用于圆柱头螺钉，其他用于标准的六角螺栓、螺母和螺钉。

———————————————

① 尚未列入相应产品标准的规格。

附表 12　标准型弹簧垫圈(摘自 GB/T 93—1987)　　　　　　　/mm

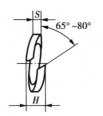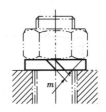

标记示例:

垫圈　GB/T 93—1987　10

(规格 10、材料为 65Mn、表面氧化的标准型弹簧垫圈)

规格 (螺纹大径)	4	5	6	8	10	12	16	20	24	30	36	42	48
$d_{1\,min}$	4.1	5.1	6.1	8.1	10.2	12.2	16.2	20.2	24.5	30.5	36.5	42.5	48.5
$S = b_{公称}$	1.1	1.3	1.6	2.1	2.6	3.1	4.1	5	6	7.5	9	10.5	12
$m \leqslant$	0.55	0.65	0.8	1.05	1.3	1.55	2.05	2.5	3	3.75	4.5	5.25	6
H_{max}	2.75	3.25	4	5.25	6.5	7.75	10.25	12.5	15	18.75	22.5	26.25	30

注:m 应大于零。

附表 13　普通圆柱销(摘自 GB/T 119.1—2000)　　　　　　　/mm

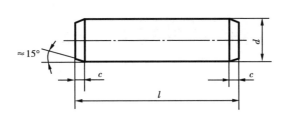

标记示例:

销　GB/T 119.1　6m6×30

(公称直径 $d = 6$、公差为 m6、公称长度 $l = 30$、材料为钢、不经淬火、不经表面处理的圆柱销)

销　GB/T 119.1　10m6×30 – A1

(公称直径 $d = 10$、公差为 m6、公称长度 $l = 30$、材料为 A1 组奥氏体不锈钢、表面简单处理的圆柱销)

d(公称) m6/h8	2	3	4	5	6	8	10	12	16	20	25
$c \approx$	0.35	0.5	0.63	0.8	1.2	1.6	2	2.5	3	3.5	4
$l_{范围}$	6~20	8~30	8~40	10~50	12~60	14~80	18~95	22~140	26~180	35~200	50~200
$l_{系列}$ (公称)	2、3、4、5、6~32(2 进位)、35~100(5 进位)、120~≥200(按 20 递增)										

附表 14　圆锥销(摘自 GB/T 117—2000)　　　　/mm

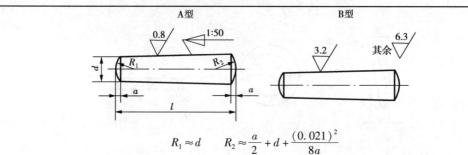

$$R_1 \approx d \qquad R_2 \approx \frac{a}{2} + d + \frac{(0.021)^2}{8a}$$

标记示例:

销　GB/T 117　10×60

(公称直径 $d=10$、长度 $l=60$、材料为 35 钢,热处理硬度 28～38HRC、表面氧化处理的 A 型圆锥销)

$d_{公称}$	2	2.5	3	4	5	6	8	10	12	16	20	25
$a\approx$	0.25	0.3	0.4	0.5	0.63	0.8	1.0	1.2	1.6	2.0	2.5	3.0
$l_{范围}$	10～35	10～35	12～45	14～55	18～60	22～90	22～120	26～160	32～180	40～200	45～200	50～200
$l_{系列}$	2、3、4、5、6～32(2 进位)、35～100(5 进位)、120～200(20 进位)											

附表 15　开口销(摘自 GB/T 91—2000)　　　　/mm

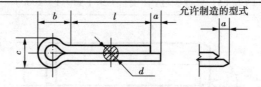

标记示例:

销　GB/T 91　5×50

(公称直径 $d=5$、长度 $l=50$、材料为低碳钢、不经表面处理的开口销)

d	公称	0.8	1	1.2	1.6	2	2.5	3.2	4	5	6.3	8	10	12
	max	0.7	0.9	1	1.4	1.8	2.3	2.9	3.7	4.6	5.9	7.5	9.5	11.4
	min	0.6	0.8	0.9	1.3	1.7	2.1	2.7	3.5	4.4	5.7	7.3	9.3	11.1
c_{max}		1.4	1.8	2	2.8	3.6	4.6	5.8	7.4	9.2	11.8	15	19	24.8
b		2.4	3	3	3.2	4	5	6.4	8	10	12.6	16	20	26
a_{max}		1.6				2.5		3.2		4			6.3	
$l_{范围}$		5～16	6～20	8～26	8～32	10～40	12～50	14～65	18～80	22～100	30～120	40～160	45～200	70～200
$l_{系列}$		4、5、6～32(2 进位)、36、40～100(5 进位)、120～200(20 进位)												

注:销孔的公称直径等于 $d_{公称}$,$d_{min}\leqslant$(销的直径)$\leqslant d_{max}$。

附表 16　平键及键槽各部尺寸(摘自 GB/T 1095～1096—1979)(1990 年确认有效)　　/mm

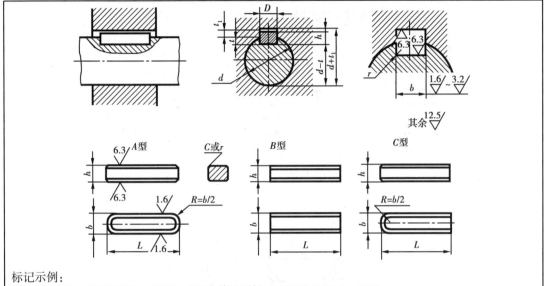

其余 $\sqrt[12.5]{}$

标记示例：
键　16×100　GB/T 1096—1979　(圆头普通平键、$b=16$、$h=10$、$L=100$)
键　B16×100　GB/T 1096—1979　(平头普通平键、$b=16$、$h=10$、$L=100$)
键　C16×100　GB/T 1096—1979　(单圆头普通平键、$b=16$、$h=10$、$L=100$)

轴	键		键　槽										
			宽　度 b					深　度				半径 r	
公称直径 d	公称尺寸 $b \times h$ (h9)	长度 L (h11)	公称尺寸 b	极　限　偏　差				轴 t		毂 t_1			
				较松键连接		一般键连接		较紧键连接					
				轴 H9	毂 D10	轴 N9	毂 JS9	轴和毂 P9	公称尺寸	极限偏差	公称尺寸	极限偏差	最大	最小
>10～12	4×4	8～45	4	+0.030 0	+0.078 +0.030	0 -0.030	±0.015	-0.012 -0.042	2.5	+0.1 0	1.8	+0.1 0	0.08	0.16
>12～17	5×5	10～56	5						3.0		2.3			
>17～22	6×6	14～70	6						3.5		2.8		0.16	0.25
>22～30	8×7	18～90	8	+0.036 0	+0.098 +0.040	0 -0.036	±0.018	-0.015 -0.051	4.0		3.3			
>30～38	10×8	22～110	10						5.0		3.3			
>38～44	12×8	28～140	12	+0.043 0	+0.120 +0.050	0 -0.043	±0.022	-0.018 -0.061	5.0		3.3		0.25	0.40
>44～50	14×9	36～160	14						5.5		3.8			
>50～58	16×10	45～180	16						6.0		4.3	+0.2 0		
>58～65	18×11	50～200	18						7.0	+0.2 0	4.4			
>65～75	20×12	56～220	20						7.5		4.9			
>75～85	22×14	63～250	22	+0.052 0	+0.149 +0.065	0 -0.052	±0.026	-0.022 -0.074	9.0		5.4		0.40	0.60
>85～95	25×14	70～280	25						9.0		5.4			
>95～110	28×16	80～320	28						10		6.4			

注：1.　$(d-t)$ 和 $(d+t_1)$ 两个组合尺寸的极限偏差，按相应的 t 和 t_1 的极限偏差选取，但 $(d-t)$ 极限偏差应取负号(−)。

　　2.　L 系列：6～22(2 进位)、25、28、32、36、40、45、50、56、63、70、80、90、100、110、125、140、160、180、200、220、250、280、320、360、400、450、500。

　　3.　键 b 的极限偏差为 h9，键 h 的极限偏差为 h11，键长 L 的极限偏差为 h14。

附表 17　半圆键（下列标准 1990 年确认有效）　　　　　　　/mm

半圆键及键槽的各部尺寸(摘自GB/T 1098—1979)

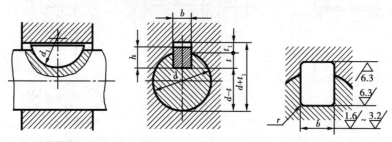

半圆键的形式和尺寸(摘自GB/T 1099—1979)

其余 $\overset{12.5}{\triangledown}$

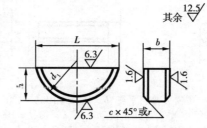

标记示例：

键　6×25　GB/T 1099—1979

（半圆键、$b = 6$、$h = 10$、$d_1 = 25$）

轴　径　d		键			键　槽							
键传递扭矩用	键定位用	公称尺寸		其他尺寸		槽　宽　b			深　度				半径 r
		$b \times h \times d_1$ (h9)(h11)(h12)	$L \approx$	c	极　限　偏　差			轴 t		毂 t_1		
					一般键连接		较紧键连接	公称尺寸	极限偏差	公称尺寸	极限偏差	
					轴 N9	毂 JS9	轴和毂 P9					
>8~10	>12~15	$3 \times 5 \times 13$	12.7	0.16~0.25	−0.004 −0.029	±0.012	−0.006 −0.031	3.8		1.4		0.08~0.16
>10~12	>15~18	$3 \times 6.5 \times 16$	15.7					5.3				
>12~14	>18~20	$4 \times 6.5 \times 16$						5	+0.2 0	1.8	+0.1 0	0.16~0.25
>14~16	>20~22	$4 \times 7.5 \times 19$	18.6		0 −0.030	±0.015	−0.012 −0.042	6				
>16~18	>22~25	$5 \times 6.5 \times 16$	15.7	0.25~0.4				4.5				
>18~20	>25~28	$5 \times 7.5 \times 19$	18.6					5.5		2.3		
>20~22	>28~32	$5 \times 9 \times 22$	21.6					7				
>22~25	>32~36	$6 \times 9 \times 25$						6.5		2.8		
>25~28	>36~40	$6 \times 10 \times 25$	24.5					7.5	+0.3 0		+0.2 0	
>28~32	40	$8 \times 11 \times 28$	27.4	0.4~0.6	0 −0.036	±0.018	−0.015 −0.051	8		3.3		0.25~0.4
>32~38	—	$10 \times 13 \times 32$	31.4					10				

注：$(d-t)$ 和 $(d+t_1)$ 两个组合尺寸的极限偏差，按相应的 t 和 t_1 的极限偏差选取，但 $(d-t)$ 极限偏差应取负号（−）。

附表 18　滚 动 轴 承

深沟球轴承 （摘自 GB/T 276—1994）	圆锥滚子轴承 （摘自 GB/T 297—1994）	推力球轴承 （摘自 GB/T 301—1995）

标记示例：

滚动轴承　6310　GB/T—276　　　滚动轴承　30212　GB/T 297　　　滚动轴承　51305　GB/T 301

轴承型号	尺寸/mm			轴承型号	尺寸/mm					轴承型号	尺寸/mm			
	d	D	B		d	D	B	C	T		d	D	T	d_1
尺寸系列[（0)2]				尺寸系列[02]						尺寸系列[12]				
6202	15	35	11	30203	17	40	12	11	13.25	51202	15	32	12	17
6203	17	40	12	30204	20	47	14	12	15.25	51203	17	35	12	19
6204	20	47	14	30205	25	52	15	13	16.25	51204	20	40	14	22
6205	25	52	15	30206	30	62	16	14	17.25	51205	25	47	15	27
6206	30	62	16	30207	35	72	17	15	18.25	51206	30	52	16	32
6207	35	72	17	30208	40	80	18	16	19.75	51207	35	62	18	37
6208	40	80	18	30209	45	85	19	16	20.75	51208	40	68	19	42
6209	45	85	19	30210	50	90	20	17	21.75	51209	45	73	20	47
6210	50	90	20	30211	55	100	21	18	22.75	51210	50	78	22	52
6211	55	100	21	30212	60	110	22	19	23.75	51211	55	90	25	57
6212	60	110	22	30213	65	120	23	20	24.75	51212	60	95	26	62
尺寸系列[（0)3]				尺寸系列[03]						尺寸系列[13]				
6302	15	42	13	30302	15	42	13	11	14.25	51304	20	47	18	22
6303	17	47	14	30303	17	47	14	12	15.25	51305	25	52	18	27
6304	20	52	15	30304	20	52	15	13	16.25	51306	30	60	21	32
6305	25	62	17	30305	25	62	17	15	18.25	51307	35	68	24	37
6306	30	72	19	30306	30	72	19	16	20.75	51308	40	78	26	42
6307	35	80	21	30307	35	80	21	18	22.75	51309	45	85	28	47
6308	40	90	23	30308	40	90	23	20	25.25	51310	50	95	31	52
6309	45	100	25	30309	45	100	25	22	27.25	51311	55	105	35	57
6310	50	110	27	30310	50	110	27	23	29.25	51312	60	110	35	62
6311	55	120	29	30311	55	120	29	25	31.50	51313	65	115	36	67
6312	60	130	31	30312	60	130	31	26	33.50	51314	70	125	40	72

注：圆括号中的尺寸系列代号在轴承代号中省略。

三、极限与配合

代号		a	b	c	d	e	f	g	h					
基本尺寸/mm									公　差					
大于	至	11	11	*11	*9	8	*7	*6	5	*6	*7	8	*9	10
—	3	−270 −330	−140 −200	−60 −120	−20 −45	−14 −28	−6 −16	−2 −8	0 −4	0 −6	0 −10	0 −14	0 −25	0 −40
3	6	−270 −345	−140 −215	−70 −145	−30 −60	−20 −38	−10 −22	−4 −12	0 −5	0 −8	0 −12	0 −18	0 −30	0 −48
6	10	−280 −338	−150 −240	−80 −170	−40 −76	−25 −47	−13 −48	−5 −14	0 −6	0 −9	0 −15	0 −22	0 −36	0 −58
10	14	−290 −400	−150 −260	−95 −205	−50 −93	−32 −59	−16 −34	−6 −17	0 −8	0 −11	0 −18	0 −27	0 −43	0 −70
14	18	−290 −400	−150 −260	−95 −205	−50 −93	−32 −59	−16 −34	−6 −17	0 −8	0 −11	0 −18	0 −27	0 −43	0 −70
18	24	−300 −430	−160 −290	−110 −240	−65 −117	−40 −73	−20 −41	−7 −20	0 −9	0 −13	0 −21	0 −33	0 −52	0 −84
24	30	−300 −430	−160 −290	−110 −240	−65 −117	−40 −73	−20 −41	−7 −20	0 −9	0 −13	0 −21	0 −33	0 −52	0 −84
30	40	−310 −470	−170 −330	−120 −280	−80 −142	−50 −89	−25 −50	−9 −25	0 −11	0 −16	0 −25	0 −39	0 −62	0 −100
40	50	−320 −480	−180 −340	−130 −290	−80 −142	−50 −89	−25 −50	−9 −25	0 −11	0 −16	0 −25	0 −39	0 −62	0 −100
50	65	−340 −530	−190 −380	−140 −330	−100 −174	−60 −106	−30 −60	−10 −29	0 −13	0 −19	0 −30	0 −46	0 −74	0 −120
65	80	−360 −550	−200 −390	−150 −340	−100 −174	−60 −106	−30 −60	−10 −29	0 −13	0 −19	0 −30	0 −46	0 −74	0 −120
80	100	−380 −600	−220 −440	−170 −390	−120 −207	−72 −126	−36 −71	−12 −34	0 −15	0 −22	0 −35	0 −54	0 −87	0 −140
100	120	−410 −630	−240 −460	−180 −400	−120 −207	−72 −126	−36 −71	−12 −34	0 −15	0 −22	0 −35	0 −54	0 −87	0 −140
120	140	−460 −710	−260 −510	−200 −450	−145 −245	−85 −148	−43 −83	−14 −39	0 −18	0 −25	0 −40	0 −63	0 −100	0 −160
140	160	−520 −770	−280 −530	−210 −460	−145 −245	−85 −148	−43 −83	−14 −39	0 −18	0 −25	0 −40	0 −63	0 −100	0 −160
160	180	−580 −830	−310 −560	−230 −480	−145 −245	−85 −148	−43 −83	−14 −39	0 −18	0 −25	0 −40	0 −63	0 −100	0 −160
180	200	−660 −950	−340 −630	−240 −530	−170 −285	−100 −172	−50 −96	−15 −44	0 −20	0 −29	0 −46	0 −72	0 −115	0 −185
200	225	−740 −1030	−380 −670	−260 −550	−170 −285	−100 −172	−50 −96	−15 −44	0 −20	0 −29	0 −46	0 −72	0 −115	0 −185
225	250	−820 −1110	−420 −710	−280 −570	−170 −285	−100 −172	−50 −96	−15 −44	0 −20	0 −29	0 −46	0 −72	0 −115	0 −185
250	280	−920 −1240	−480 −800	−300 −620	−190 −320	−110 −191	−56 −108	−17 −49	0 −23	0 −32	0 −52	0 −81	0 −130	0 −210
280	315	−1050 −1370	−540 −860	−330 −650	−190 −320	−110 −191	−56 −108	−17 −49	0 −23	0 −32	0 −52	0 −81	0 −130	0 −210
315	355	−1200 −1560	−600 −960	−360 −720	−210 −350	−125 −214	−62 −119	−18 −54	0 −25	0 −36	0 −57	0 −89	0 −140	0 −230
355	400	−1350 −1710	−680 −1040	−400 −760	−210 −350	−125 −214	−62 −119	−18 −54	0 −25	0 −36	0 −57	0 −89	0 −140	0 −230
400	450	−1500 −1900	−760 −1160	−440 −840	−230 −385	−135 −232	−68 −131	−20 −60	0 −27	0 −40	0 −63	0 −97	0 −155	0 250
450	500	−1650 −2050	−840 −1240	−480 −880	−230 −385	−135 −232	−68 −131	−20 −60	0 −27	0 −40	0 −63	0 −97	0 −155	0 250

注:带"＊"者为优先选用的,其他为常用的。

配合轴的极限偏差表（摘自 GB/T 1800.3、1801—1999）　　　　　　　/μm

		js	k	m	n	p	r	s	t	u	v	x	y	z
等级														
*11	12	6	*6	6	*6	*6	6	*6	6	*6	6	6	6	6
0 / −60	0 / −100	±3	+6 / 0	+8 / +2	+10 / +4	+12 / +6	+16 / +10	+20 / +14	—	+24 / +18	—	+26 / +20	—	+32 / +26
0 / −75	0 / −120	±4	+9 / +1	+12 / +4	+16 / +8	+20 / +12	+23 / +15	+27 / +19	—	+31 / +23	—	+36 / +28	—	+43 / +35
0 / −90	0 / −150	±4.5	+10 / +1	+15 / +6	+19 / +10	+24 / +15	+28 / +19	+32 / +23	—	+37 / +28	—	+43 / +34	—	+51 / +42
0 / −110	0 / −180	±5.5	+12 / +1	+18 / +7	+23 / +12	+29 / +18	+34 / +23	+39 / +28	—	+44 / +33	—	+51 / +40	—	+61 / +50
									—		+50 / +39	+56 / +45		+71 / +60
0 / −130	0 / −210	±6.5	+15 / +2	+21 / +8	+28 / +15	+35 / +22	+41 / +28	+48 / +35	—	+54 / +41	+60 / +47	+67 / +54	+76 / +63	+86 / +73
									+54 / +41	+61 / +48	+68 / +55	+77 / +64	+88 / +75	+101 / +88
0 / −160	0 / −250	±8	+18 / +2	+25 / +9	+33 / +17	+42 / +26	+50 / +34	+59 / +43	+64 / +48	+76 / +60	+84 / +68	+96 / +80	+110 / +94	+128 / +112
									+70 / +54	+86 / +70	+97 / +81	+113 / +97	+130 / +114	+152 / +136
0 / −190	0 / −300	±9.5	+21 / +2	+30 / +11	+39 / +20	+51 / +32	+60 / +41	+72 / +53	+85 / +66	+106 / +87	+121 / +102	+141 / +122	+163 / +144	+191 / +172
									+94 / +75	+121 / +102	+139 / +120	+165 / +146	+193 / +174	+229 / +210
0 / −220	0 / −350	±11	+25 / +3	+35 / +13	+45 / +23	+59 / +37	+73 / +51	+93 / +71	+113 / +91	+146 / +124	+168 / +146	+200 / +178	+236 / +214	+280 / +258
									+126 / +104	+166 / +144	+194 / +172	+232 / +210	+276 / +254	+332 / +310
0 / −250	0 / −400	±12.5	+28 / +3	+40 / +15	+52 / +27	+68 / +43	+88 / +63	+117 / +92	+147 / +122	+195 / +170	+227 / +202	+273 / +248	+325 / +300	+390 / +365
							+90 / +65	+125 / +100	+159 / +134	+215 / +190	+253 / +228	+305 / +280	+365 / +340	+440 / +415
							+93 / +68	+133 / +108	+171 / +146	+235 / +210	+277 / +252	+335 / +310	+405 / +380	+490 / +465
0 / −290	0 / −460	±14.5	+33 / +4	+46 / +17	+60 / +31	+79 / +50	+106 / +77	+151 / +122	+195 / +166	+265 / +236	+313 / +284	+379 / +350	+454 / +425	+549 / +520
							+109 / +80	+159 / +130	+209 / +180	+287 / +258	+339 / +310	+414 / +385	+499 / +470	+604 / +575
							+113 / +84	+169 / +140	+225 / +196	+313 / +284	+369 / +340	+454 / +425	+549 / +520	+669 / +640
0 / −320	0 / −520	±16	+36 / +4	+52 / +20	+66 / +34	+88 / +56	+126 / +94	+190 / +158	+250 / +218	+347 / +315	+417 / +385	+507 / +475	+612 / +580	+742 / +710
							+130 / +98	+202 / +170	+272 / +240	+382 / +350	+457 / +425	+557 / +525	+682 / +650	+822 / +790
0 / −360	0 / −570	±18	+40 / +4	+57 / +21	+73 / +37	+98 / +62	+144 / +108	+226 / +190	+304 / +268	+426 / +390	+511 / +475	+626 / +590	+766 / +730	+936 / +900
							+150 / +114	+244 / +208	+330 / +294	+471 / +435	+566 / +530	+696 / +660	+856 / +820	+1036 / +1000
0 / −400	0 / −630	±20	+45 / +5	+63 / +23	+80 / +40	+108 / +68	+166 / +126	+272 / +232	+370 / +330	+530 / +490	+635 / +595	+780 / +740	+960 / +920	+1140 / +1100
							+172 / +132	+292 / +252	+400 / +360	+580 / +540	+700 / +660	+860 / +820	+1040 / +1000	+1290 / +1250

代　　号		A	B	C	D	E	F	G	H					
基本尺寸/mm									公　　差					
大于	至	11	11	*11	*9	8	*8	*7	6	*7	*8	*9	10	*11
—	3	+330 / +270	+200 / +140	+120 / +60	+45 / +20	+28 / +14	+20 / +6	+12 / +2	+6 / 0	+10 / 0	+14 / 0	+25 / 0	+40 / 0	+60 / 0
3	6	+345 / +270	+215 / +140	+145 / +70	+60 / +30	+38 / +20	+28 / +10	+16 / +4	+8 / 0	+12 / 0	+18 / 0	+30 / 0	+48 / 0	+75 / 0
6	10	+370 / +280	+240 / +150	+170 / +80	+76 / +40	+47 / +25	+35 / +13	+20 / +5	+9 / 0	+15 / 0	+22 / 0	+36 / 0	+58 / 0	+90 / 0
10	14	+400 / +290	+260 / +150	+205 / +95	+93 / +50	+59 / +32	+43 / +16	+24 / +6	+11 / 0	+18 / 0	+27 / 0	+43 / 0	+70 / 0	+110 / 0
14	18	+400 / +290	+260 / +150	+205 / +95	+93 / +50	+59 / +32	+43 / +16	+24 / +6	+11 / 0	+18 / 0	+27 / 0	+43 / 0	+70 / 0	+110 / 0
18	24	+430 / +300	+290 / +160	+240 / +110	+117 / +65	+73 / +40	+53 / +20	+28 / +7	+13 / 0	+21 / 0	+33 / 0	+52 / 0	+84 / 0	+130 / 0
24	30	+430 / +300	+290 / +160	+240 / +110	+117 / +65	+73 / +40	+53 / +20	+28 / +7	+13 / 0	+21 / 0	+33 / 0	+52 / 0	+84 / 0	+130 / 0
30	40	+470 / +310	+330 / +170	+280 / +120	+142 / +80	+89 / +50	+64 / +25	+34 / +9	+16 / 0	+25 / 0	+39 / 0	+62 / 0	+100 / 0	+160 / 0
40	50	+480 / +320	+340 / +180	+290 / +130	+142 / +80	+89 / +50	+64 / +25	+34 / +9	+16 / 0	+25 / 0	+39 / 0	+62 / 0	+100 / 0	+160 / 0
50	65	+530 / +340	+380 / +190	+330 / +140	+174 / +100	+106 / +60	+76 / +30	+40 / +10	+19 / 0	+30 / 0	+46 / 0	+74 / 0	+120 / 0	+190 / 0
65	80	+550 / +360	+390 / +200	+340 / +150	+174 / +100	+106 / +60	+76 / +30	+40 / +10	+19 / 0	+30 / 0	+46 / 0	+74 / 0	+120 / 0	+190 / 0
80	100	+600 / +380	+440 / +220	+390 / +170	+207 / +120	+126 / +72	+90 / +36	+47 / +12	+22 / 0	+35 / 0	+54 / 0	+87 / 0	+140 / 0	+220 / 0
100	120	+630 / +410	+460 / +240	+400 / +180	+207 / +120	+126 / +72	+90 / +36	+47 / +12	+22 / 0	+35 / 0	+54 / 0	+87 / 0	+140 / 0	+220 / 0
120	140	+710 / +460	+510 / +260	+450 / +200	+245 / +145	+148 / +85	+106 / +43	+54 / +14	+25 / 0	+40 / 0	+63 / 0	+100 / 0	+160 / 0	+250 / 0
140	160	+770 / +520	+530 / +280	+460 / +210	+245 / +145	+148 / +85	+106 / +43	+54 / +14	+25 / 0	+40 / 0	+63 / 0	+100 / 0	+160 / 0	+250 / 0
160	180	+830 / +580	+560 / +310	+480 / +230	+245 / +145	+148 / +85	+106 / +43	+54 / +14	+25 / 0	+40 / 0	+63 / 0	+100 / 0	+160 / 0	+250 / 0
180	200	+950 / +660	+630 / +340	+530 / +240	+285 / +170	+172 / +100	+122 / +50	+61 / +15	+29 / 0	+46 / 0	+72 / 0	+115 / 0	+185 / 0	+290 / 0
200	225	+1030 / +740	+670 / +380	+550 / +260	+285 / +170	+172 / +100	+122 / +50	+61 / +15	+29 / 0	+46 / 0	+72 / 0	+115 / 0	+185 / 0	+290 / 0
225	250	+1110 / +820	+710 / +420	+570 / +280	+285 / +170	+172 / +100	+122 / +50	+61 / +15	+29 / 0	+46 / 0	+72 / 0	+115 / 0	+185 / 0	+290 / 0
250	280	+1240 / +820	+800 / +480	+620 / +300	+320 / +190	+191 / +110	+137 / +56	+69 / +17	+32 / 0	+52 / 0	+81 / 0	+130 / 0	+210 / 0	+320 / 0
280	315	+1370 / +1050	+860 / +540	+650 / +330	+320 / +190	+191 / +110	+137 / +56	+69 / +17	+32 / 0	+52 / 0	+81 / 0	+130 / 0	+210 / 0	+320 / 0
315	355	+1560 / +1200	+960 / +600	+720 / +360	+350 / +210	+214 / +125	+151 / +62	+75 / +18	+36 / 0	+57 / 0	+89 / 0	+140 / 0	+230 / 0	+360 / 0
355	400	+1710 / +1350	+1040 / +680	+760 / +400	+350 / +210	+214 / +125	+151 / +62	+75 / +18	+36 / 0	+57 / 0	+89 / 0	+140 / 0	+230 / 0	+360 / 0
400	450	+1900 / +1500	+1160 / +760	+840 / +440	+385 / +230	+232 / +135	+165 / +68	+83 / +20	+40 / 0	+63 / 0	+97 / 0	+155 / 0	250 / 0	+400 / 0
450	500	+2050 / +1650	+1240 / +840	+880 / +480	+385 / +230	+232 / +135	+165 / +68	+83 / +20	+40 / 0	+63 / 0	+97 / 0	+155 / 0	250 / 0	+400 / 0

注:带"*"者为优先选用的,其他为常用的。

极限偏差表（摘自 GB/T 1800.3、1801—1999）　　　　　　　　　　　　/μm

	JS		K			M	N		P		R	S	T	U
等级														
12	6	7	6	*7	8	7	6	7	6	*7	7	*7	7	*7
+100 0	±3	±5	0 −6	0 −10	0 −14	−2 −12	−4 −10	−4 −14	−6 −12	−6 −16	−10 −20	−14 −24	—	−18 −28
+120 0	±4	±6	+2 −6	+3 −9	+5 −13	0 −12	−5 −13	−4 −16	−9 −17	−8 −20	−11 −23	−15 −27	—	−19 −31
+150 0	±4.5	±7	+2 −7	+5 −10	+6 −16	0 −15	−7 −16	−4 −19	−12 −21	−9 −24	−13 −28	−17 −32	—	−22 −37
+180 0	±5.5	±9	+2 −9	+6 −12	+8 −19	0 −18	−9 −20	−5 −23	−15 −26	−11 −29	−16 −34	−21 −39	—	−26 −44
+210 0	±6.5	±10	+2 −11	+6 −15	+10 −23	0 −21	−11 −24	−7 −28	−18 −31	−14 −35	−20 −41	−27 −48	—	−33 −54
													−33 −54	−40 −61
+250 0	±8	±12	+3 −13	+7 −18	+12 −27	0 −25	−12 −28	−8 −33	−21 −37	−17 −42	−25 −50	−34 −59	−39 −64	−51 −76
													−45 −70	−61 −86
+300 0	±9.5	±15	+4 −15	+9 −21	+14 −32	0 −30	−14 −33	−9 −39	−26 −45	−21 −51	−30 −60	−42 −72	−55 −85	−76 −106
											−32 −62	−48 −78	−64 −94	−91 −121
+350 0	±11	±17	+4 −18	+10 −25	+16 −38	0 −35	−16 −38	−10 −45	−30 −52	−24 −59	−38 −73	−58 −93	−78 −113	−111 −146
											−41 −76	−66 −101	−91 −126	−131 −166
+400 0	±12.5	±20	+4 −21	+12 −28	+20 −43	0 −40	−20 −45	−12 −52	−36 −61	−28 −68	−48 −88	−77 −117	−107 −147	−155 −195
											−50 −90	−85 −125	−119 −159	−175 −215
											−53 −93	−93 −133	−131 −171	−195 −235
+460 0	±14.5	±23	+5 −24	+13 −33	+22 −50	0 −46	−22 −51	−14 −60	−41 −70	−33 −79	−60 −106	−105 −151	−149 −195	−219 −265
											−63 −109	−113 −159	−163 −209	−241 −287
											−67 −113	−123 −169	−179 −225	−267 −313
+520 0	±16	±26	+5 −27	+16 −36	+25 −56	0 −52	−25 −57	−14 −66	−47 −79	−36 −88	−74 −126	−138 −190	−198 −250	−295 −347
											−78 −130	−150 −202	−220 −272	−330 −382
+570 0	±18	±28	+7 −29	+17 −40	+28 −61	0 −57	−26 −62	−16 −73	−51 −87	−41 −98	−87 −144	−169 −226	−247 −304	−369 −426
											−93 −150	−187 −244	−273 −330	−414 −471
+630 0	±20	±31	+8 −32	+18 −45	+29 −68	0 −63	−27 −67	−17 −80	−55 −95	−45 −108	−103 −166	−209 −272	−307 −370	−467 −530
											−109 −172	−229 −292	−337 −400	−517 −580

附表 21　标准公差数值(摘自 GB/T 1800.3—1998)

基本尺寸 /mm		标　准　公　差　等　级																	
		IT1	IT2	IT3	IT4	IT5	IT6	IT7	IT8	IT9	IT10	IT11	IT12	IT13	IT14	IT15	IT16	IT17	IT18
大于	至	公　差　值/μm											公　差　值/mm						
—	3	0.8	1.2	2	3	4	6	10	14	25	40	60	0.1	0.14	0.25	0.4	0.6	1	1.4
3	6	1	1.5	2.5	4	5	8	12	18	30	48	75	0.12	0.18	0.3	0.45	0.75	1.2	1.8
6	10	1	1.5	2.5	4	6	9	15	22	36	58	90	0.15	0.22	0.36	0.58	0.9	1.5	2.2
10	18	1.2	2	3	5	8	11	18	27	43	70	110	0.18	0.27	0.43	0.7	1.1	1.8	2.7
18	30	1.5	2.5	4	6	9	13	21	33	52	84	130	0.21	0.33	0.52	0.84	1.3	2.1	3.3
30	50	1.5	2.5	4	7	11	16	25	39	62	100	160	0.25	0.39	0.62	1	1.6	2.5	3.9
50	80	2	3	5	8	13	19	30	46	74	120	190	0.3	0.46	0.74	1.2	1.9	3	4.6
80	120	2.5	4	6	10	15	22	35	54	87	140	220	0.35	0.54	0.87	1.4	2.2	3.5	5.4
120	180	3.5	5	8	12	18	25	40	63	100	160	250	0.4	0.63	1	1.6	2.5	4	6.3
180	250	4.5	7	10	14	20	29	46	72	115	185	290	0.46	0.72	1.15	1.85	2.9	4.6	7.2
250	315	6	8	12	16	23	32	52	81	130	210	320	0.52	0.81	1.3	2.1	3.2	5.2	8.1
315	400	7	9	13	18	25	36	57	89	140	230	360	0.57	0.89	1.4	2.3	3.6	5.7	8.9
400	500	8	10	15	20	27	40	63	97	155	250	400	0.63	0.97	1.55	2.5	4	6.3	9.7

注:基本尺寸小于 1 mm 时,无 IT14 至 IT18。

四、常用金属材料及热处理

附表22 铸 铁

名　称	牌　号	应 用 举 例	说　明
灰铸铁 GB/T 9439—1988	HT100	低强度铸铁,用于盖、手把、支架等	HT 是灰铸铁的代号,后面的数字表示抗拉强度(N/mm^2)
	HT150	中等强度铸铁,用于底座、端盖、皮带轮、轴承座、齿轮箱等	
	HT200 HT250	高强度铸铁,用于齿轮、凸轮、机座、阀体、泵体等	
	HT300 HT350	高强度、高耐磨铸铁,用于齿轮、曲轴、高压泵体、高压阀体等	

附表23 钢

名　称	牌　号	应 用 举 例	说　明
碳素结构钢 GB/T 700—1988	Q215A Q215B	金属构件,受力不大的螺栓、螺钉、轴、拉杆及焊接件等	Q 为屈服点"屈"字汉语拼音字母的字头,数字 215、235、275 为屈服点数值(N/mm^2),字母 A、B 表示钢材质量等级
	Q235A Q235B	金属构件,心部强度要求不高的渗碳零件,齿轮、螺钉、螺母及焊接件等	
	Q275	用于重要的螺钉、拉杆、连杆、轴、销、齿轮等	
优质碳素结构钢 GB/T 699—1999	15	用于受力不大、韧性要求较高的零件,如扳手、法兰盘等	(1)牌号用平均含碳量的万分数表示,依次有 10、15、20、25、30、35、40、45、50、55、60 等。含碳量愈高,延伸率愈低。 (2)含锰量较高的钢,在牌号末加注 Mn,依次有 15Mn、20Mn、30Mn、35Mn、40Mn、45Mn、50Mn、60Mn、65Mn 等
	35	具有良好的强度和韧性,用于轴、套筒、丝杆、锻造件及螺栓、螺钉、键等	
	45	用于强度较高、韧性中等的零件,如齿轮、主轴、联轴器、泵的零件等	
	65Mn	强度高、淬透性较大,用于大尺寸的各种扁、圆弹簧、弹簧垫圈等	
碳素工具钢 GB/T 1298—1986	T7 T7A T8 T8A	硬度适中,有较大的韧性,用于冲模、钻头、车床顶尖等	"T"后数字表示平均含碳量的千分数,依次有 T7～T13。含硫、磷低的高级优质碳素工具钢,须在牌号后加注 A
合金结构钢 GB/T 3077—1999	20Cr	用于心部强度较高的渗碳零件,如凸轮、蜗杆、齿轮轴等	15Cr～50Cr 统称铬钢,强度、硬度依次增加,延伸率依次降低。数字表示含碳量的万分数
	40Cr	用于较重要的调质零件,如重要的齿轮、轴等	
铸 钢 GB/T 11352—1989	ZG230～450	铸造平坦的机件,如机座、变速箱壳体等	"ZG"表示铸钢,后面数字分别表示屈服点和抗拉强度的数值,单位是 N/mm^2
	ZG270～500	用于各种形状的机件,如飞轮、机架、横梁等	

附表 24　铸造铜合金（GB/T 1176—1987）

名　称	牌　号	应 用 举 例	说　明
38 黄钢	ZCuZn38	一般结构件和耐蚀零件，如法兰、阀座、支架、手柄、螺母等	铸造铜合金的牌号由基本金属（铜）及主要合金元素的化学符号表示。主要合金元素后的数字是其名义百分含量。若其含量大于或等于 1% 时，一般不标注。"Z"表示铸造，冠在牌号之前
10-2 锡青铜	ZCuSn10Zn2	中等及较高负荷或小滑动速度工作的重要管配件及阀、旋塞、泵体、齿轮、叶轮和涡轮等	
9-2 铝青铜	ZCuAl9Mn2	用于耐蚀、耐磨零件，形状简单的大型铸件，如衬套、齿轮、蜗轮，以及 250 ℃ 以下工作的管配件和气密性高的铸件等	
40-2 铅黄铜	ZCuZn40Pb2	煤气和给水设备的壳体，机器制造、电子技术、精密及光学仪器的部分构、配件	

附表 25　常用热处理和表面处理

名　称	说　明	应　用
退　火	将钢件加热到临界温度以上（一般为 710～750 ℃，个别合金钢为 800～900 ℃），保温一定时间，然后缓缓冷却（一般在炉中冷却）	用来消除铸、锻、焊零件的内应力，改善金属组织不匀及晶粒粗大等现象，降低硬度，便于切削加工
正　火	将钢件加热到临界温度以上，保温一定时间，然后在空气中冷却，冷却速度比退火要快	用来处理低碳钢和中碳钢，使金属组织细化，提高强度和韧性，减少内应力，改善切削性能
淬　火	将钢件加热到临界温度以上，保持一定时间，再放在水、盐水或油中急速冷却	用于提高钢的硬度和强度。由于淬火会引起内应力，使钢变脆，所以淬火后必须回火
回　火	将淬硬的钢件加热到临界温度以下的某一温度，保温一定时间，然后在空气中或油中冷却	用来消除淬火后的脆性和内应力，提高钢的塑性和冲击韧性
调　质	淬火后高温回火（450～600 ℃）称为调质	可使钢获得高的韧性和足够的强度
表面淬火	用火焰或高频电流将零件表面迅速加热至临界温度以上，急速冷却	使零件表面获得高硬度，而心部保持一定的韧性，使零件既耐磨又能承受冲击
氮　化	将零件放入氮气内加热，使工作表面饱和氮元素	增加表面硬度、耐磨性、疲劳强度和耐热性
发蓝、发黑	将零件置于氧化剂内加热氧化，使表面形成一层氧化铁保护膜	防腐蚀、美化
镀　镍	用电解方法，在钢件表面镀一层镍	防腐蚀、美化
硬度： 布氏硬度（HBS） 洛氏硬度（HRC） 维氏硬度（HV）	材料抵抗硬物压入其表面的能力。依测定方法不同而有布氏、洛氏、维氏等几种	HB 用于退火、正火、调质的零件及铸件的硬度检验。HRC 用于经淬火、回火及表面渗碳、渗氮等处理的零件硬度检验。HV 则用于薄层硬化零件的硬度检验

习　题　集

1.1.1 图线练习

学号　　姓名　　班级

171

1.2.1 尺寸标注 检查上图中尺寸标注的错误，并用正确的注法标注在下图上。

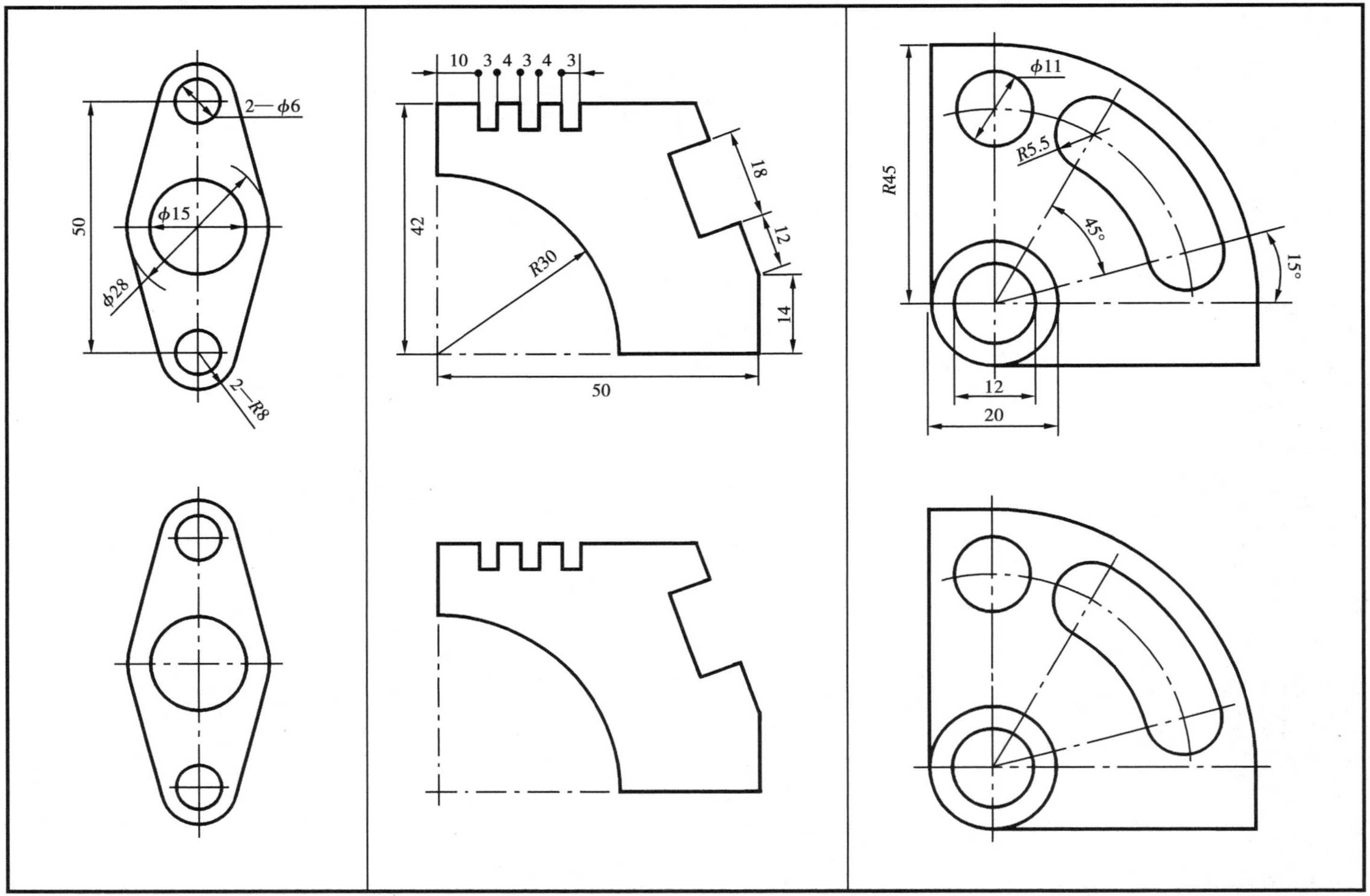

1.3.1 等分圆周

φ12
φ40
φ46
φ60
φ24

φ60

学号　　　　姓名　　　　班级

173

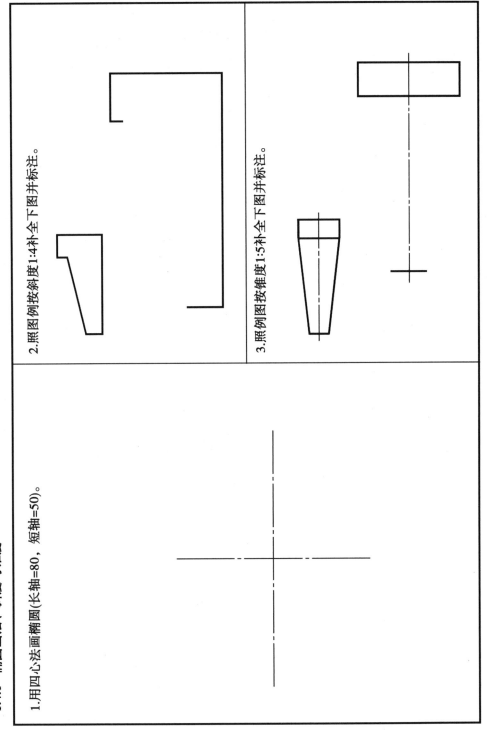

1.4.1 椭圆画法、斜度与锥度

1.用四心法画椭圆(长轴=80, 短轴=50)。

2.照图例按斜度1:4补全下图并标注。

3.照图例按锥度1:5补全下图并标注。

班级　　　　姓名　　　　学号

174

1.5.1 圆弧连接 抄画平面轮廓图形

(1)

(2)

(3)

班级　　　姓名　　　学号

175

1.6.1 平面图(一) 抄画手柄平面图(2:1)

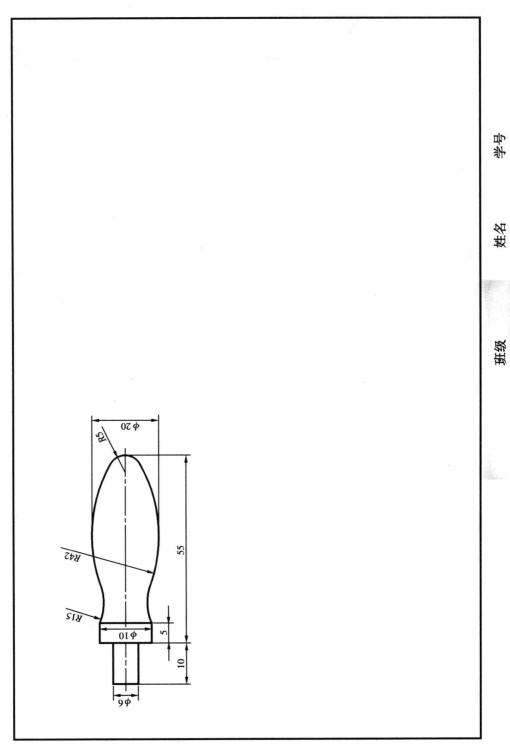

班级　　姓名　　学号

1.6.2 平面图(二) 抄画平面图(1:1)

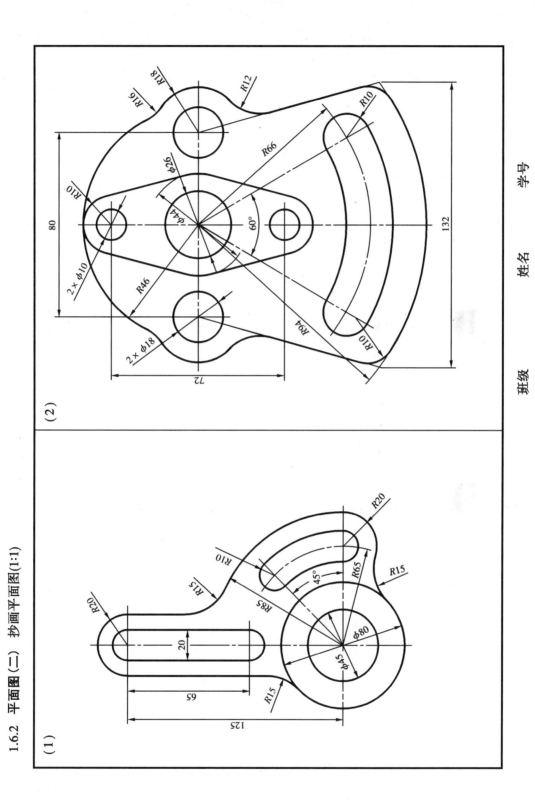

姓名　　　　学号

班级

2.1.1 点的投影

1.已知A、B点的两面投影，补画第三面的投影。

2.已知A点的投影，B点在A点右方20、上方12、后方15，求作B点的三面投影。

3.根据点的相对位置作出B、D点的投影，并判断重影点的可见性。
(1) B点在A点的正右后方12。
(2) D点在C点的正右方15。

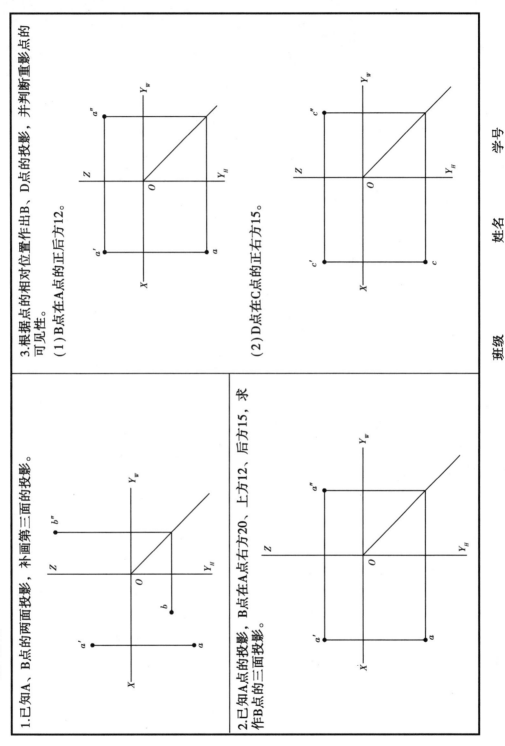

班级　　　　　姓名　　　　　学号

2.1.2 直线的投影

已知直线的两面投影，求作第三面投影；并求出直线上点的各面投影和判断直线的空间位置。

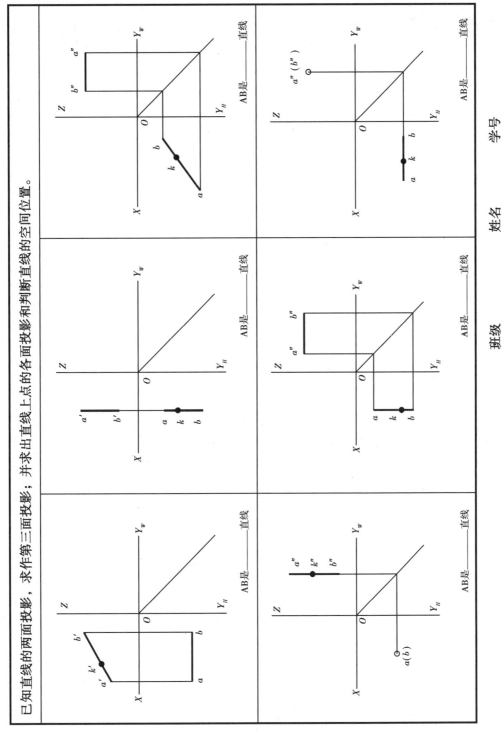

姓名　　　班级

学号

179

2.1.3 平面的投影（一）

已知平面的两面投影，求作第三面投影；并判断平面的空间位置。

(1)	(2)	(3)
平面是＿＿面	平面是＿＿面	平面是＿＿面
(4)	(5)	(6)
平面是＿＿面	平面是＿＿面	平面是＿＿面

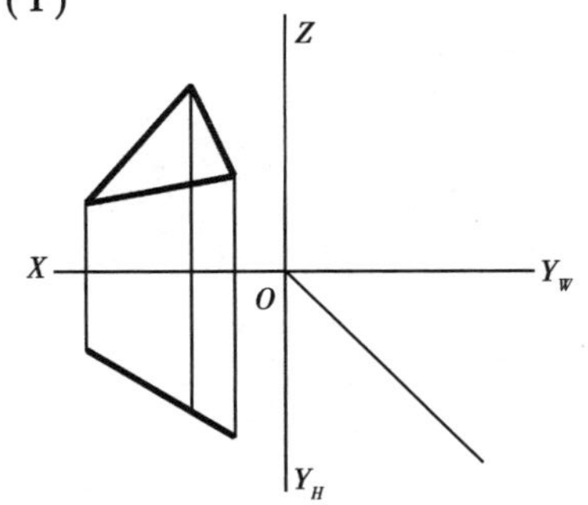

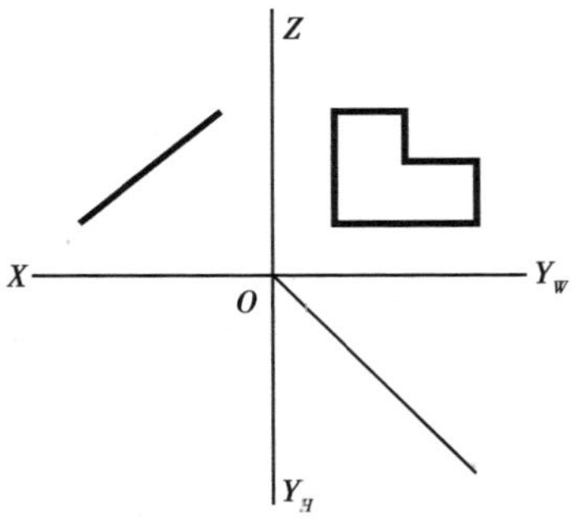

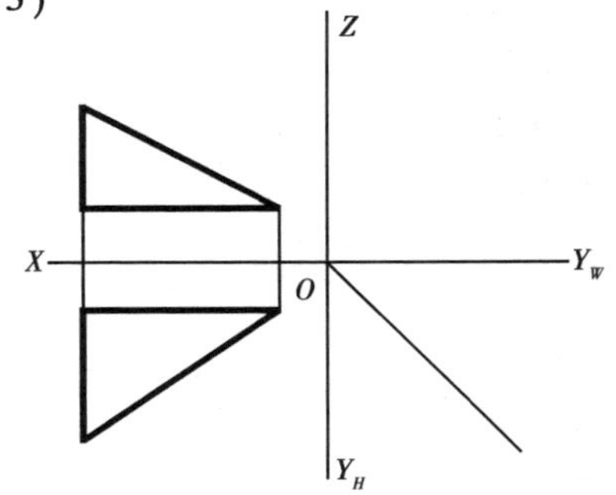

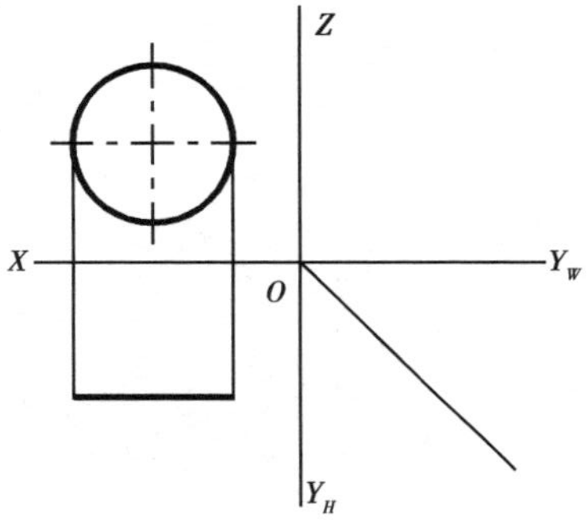

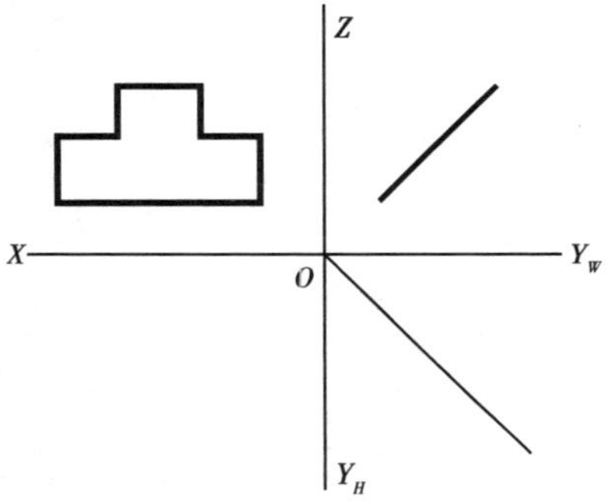

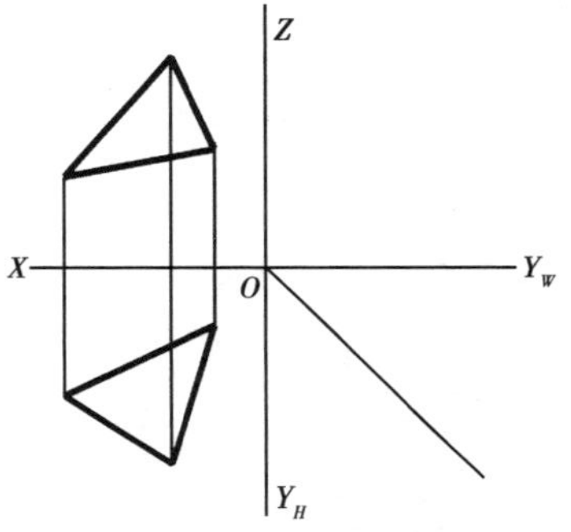

班级　　　　　姓名　　　　　学号

180

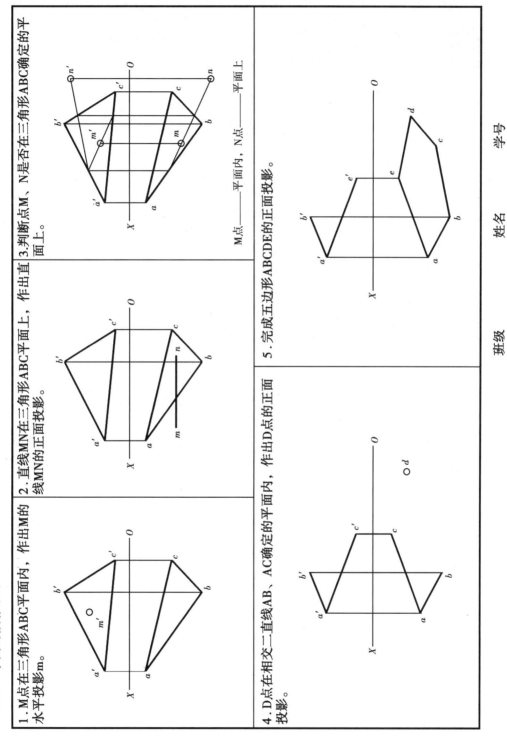

2.1.3 平面的投影（二）

1. M点在三角形ABC平面内，作出M的水平投影m。

2. 直线MN在三角形ABC平面上，作出直线MN的正面投影。

3. 判断点M，N是否在三角形ABC确定的平面上。

M点＿＿＿平面内，N点＿＿＿平面上。

4. D点在相交二直线AB、AC确定的平面内，作出D点的正面投影。

5. 完成五边形ABCDE的正面投影。

班级　　　　姓名　　　　学号

2.2.1 **基本体三视图** 根据基本体的轴测图画三视图 (1:1) 和尺寸标注。

(1)

(2)

(3)

(4)

(5)

(6)

班级　　　姓名　　　学号

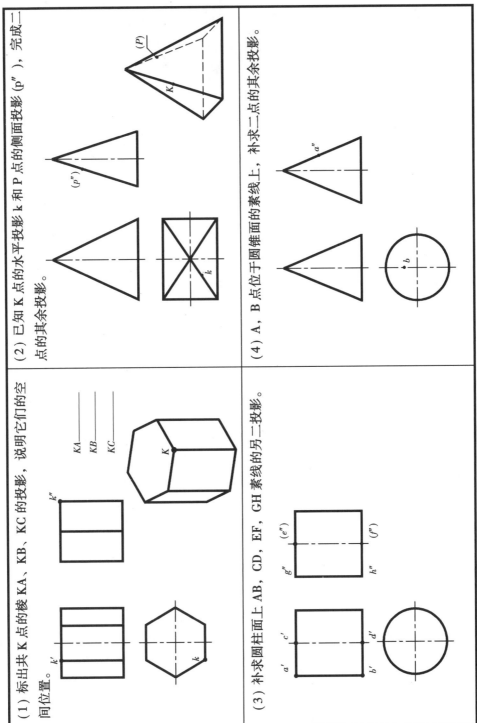

2.2.2 立体上的点和直线

（1）标出过 K 点的棱 KA、KB、KC 的投影，说明它们的空间位置。

KA ——————
KB ——————
KC ——————

（2）已知 K 点的水平投影 k 和 P 点的侧面投影（p″），完成二点的其余投影。

（3）补求圆柱面上 AB、CD、EF、GH 素线的另二投影。

（4）A、B 点位于圆锥面的素线上，补求二点的其余投影。

2.2.3 立体表面定点（一）

1.分别标注下列各图中M，N面的另外两投影。2.在表中填写M，N面的空间位置和投影特性。

（1）

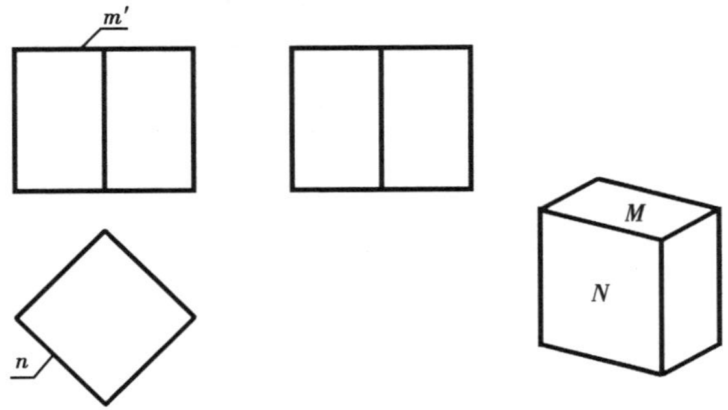

平面	空间位置	投影特性	
M	m	m'	m"
N	n	n'	n"

（2）

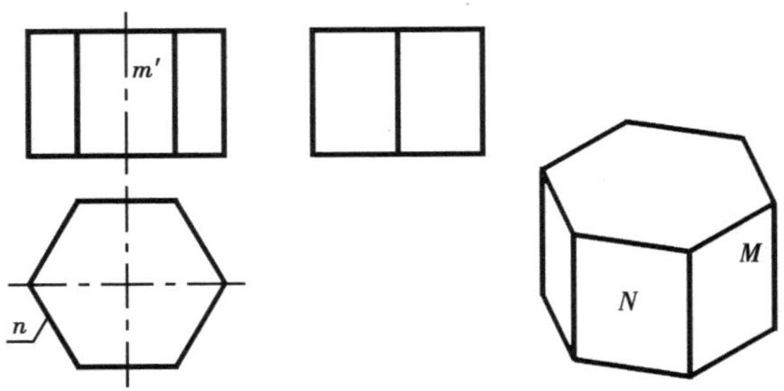

平面	空间位置	投影特性	
M	m	m'	m"
N	n	n'	n"

（3）

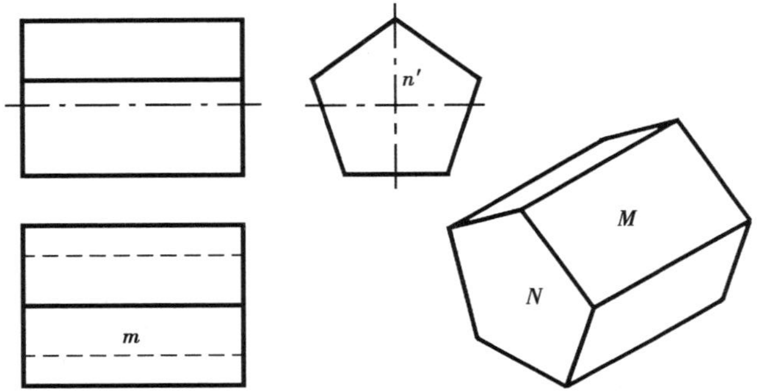

平面	空间位置	投影特性	
M	m	m'	m"
N	n	n'	n"

（4）

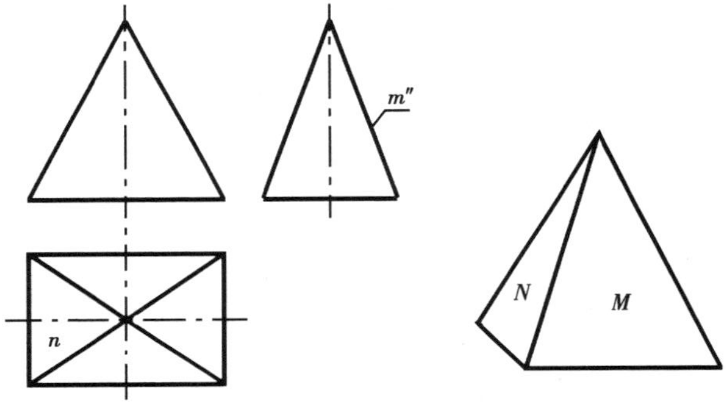

平面	空间位置	投影特性	
M	m	m'	m"
N	n	n'	n"

班级　　　　姓名　　　　学号

2.2.3 立体表面定点 (二)

按已知条件在基本体视图中补求点的另一投影。

(1)

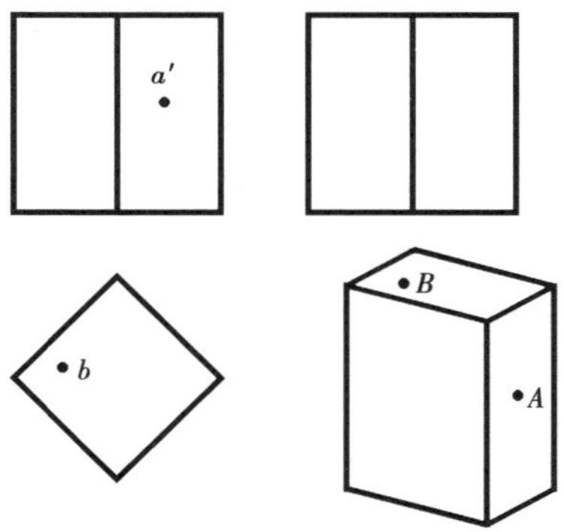

(2)

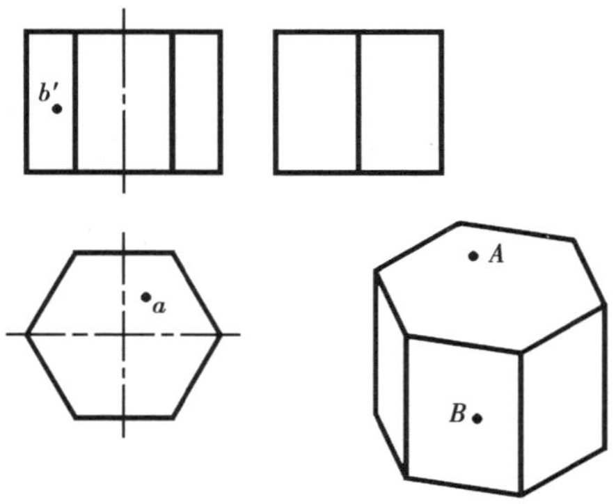

(3)

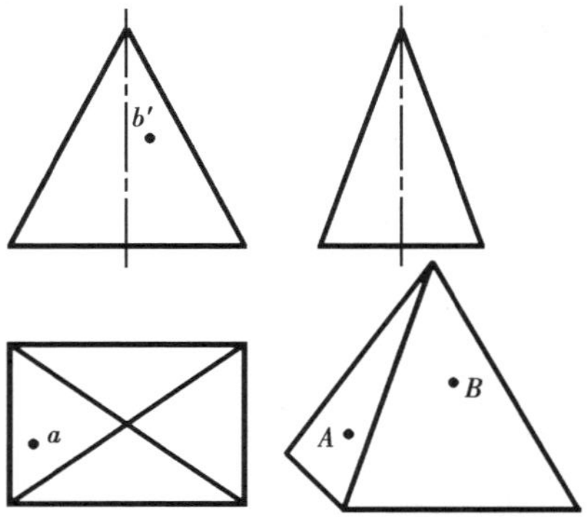

(4)

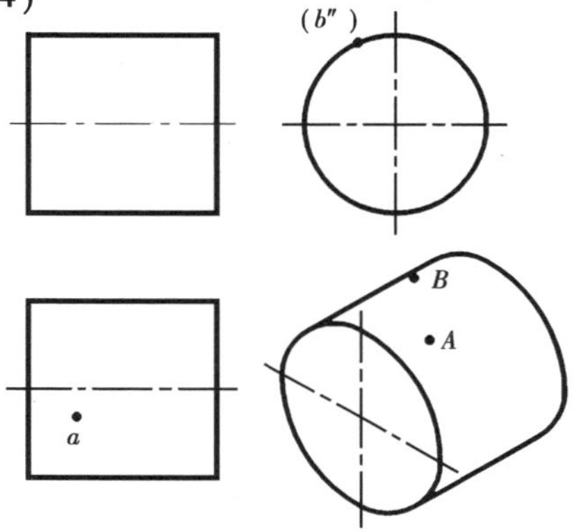

(5)

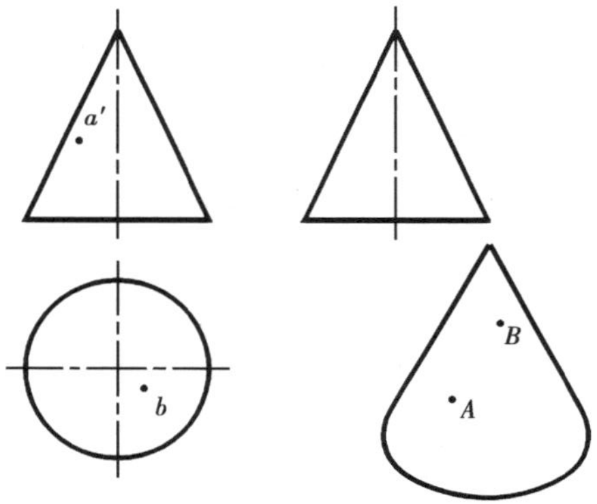

(6)

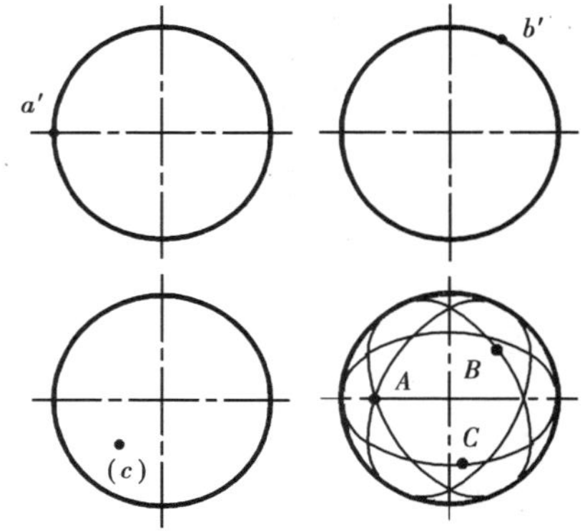

班级　　　　姓名　　　　学号

2.3.1 轴测图（一）　完成正等轴测图

(1)

(2)

(3)

(4)

班级　　姓名　　学号

186

2.3.1 轴测图（二）完成斜二轴测图

(1)

(2)

(3)

学号　　姓名　　班级

187

2.4.1 画截切体视图及尺寸标注（一） 根据已知条件，补画截切体的第三视图，标注尺寸

(1)

(2)

(3)

(4)

(5)

班级　　　姓名　　　学号

2.4.1 画截切体视图及尺寸标注（二） 根据已知条件补全截切体视图，标注尺寸。

(1) 补全俯视图。

(2) 补全主、俯视图。

(3) 补全俯、左视图。

(4) 补全主、左视图。

班级　　　　姓名　　　　学号

2.4.2 补画截切体视图（一）

（1）补全俯视图。

（2）补全俯、左视图。

（3）补全俯、左视图。

（4）补全俯、左视图。

班级　　　　姓名　　　　学号

190

2.4.2 补画截切体视图（二） 根据已知条件补全截切体的第三视图

（1）补全俯视图。

（2）补全左视图。

（3）补全左视图。

（4）补全左视图。

（5）补全左视图。

（6）补全俯视图。

班级　　　　　　　姓名　　　学号

2.4.2 补画截切体视图（三）

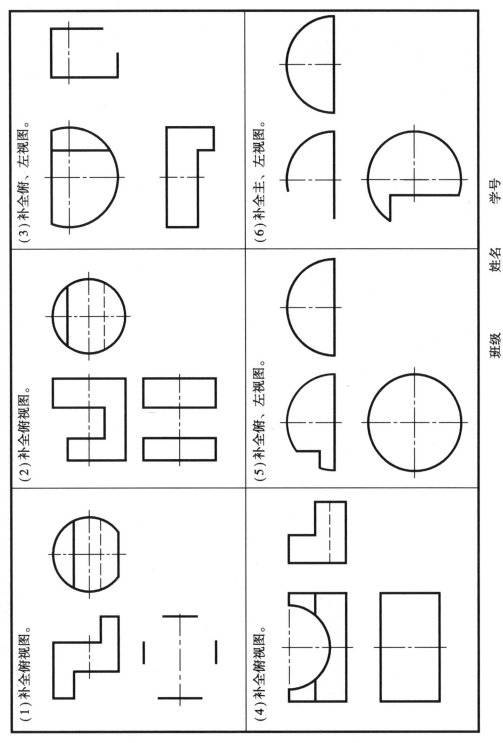

(1) 补全俯视图。

(2) 补全俯视图。

(3) 补全俯、左视图。

(4) 补全俯视图。

(5) 补全俯、左视图。

(6) 补全主、左视图。

班级　　　姓名　　　学号

192

2.4.3 在视图中补画缺漏的图线

(1)

(2)

(3)

(4)

(5)

(6)

班级　　　姓名　　学号

193

2.5.1 相贯线（一）

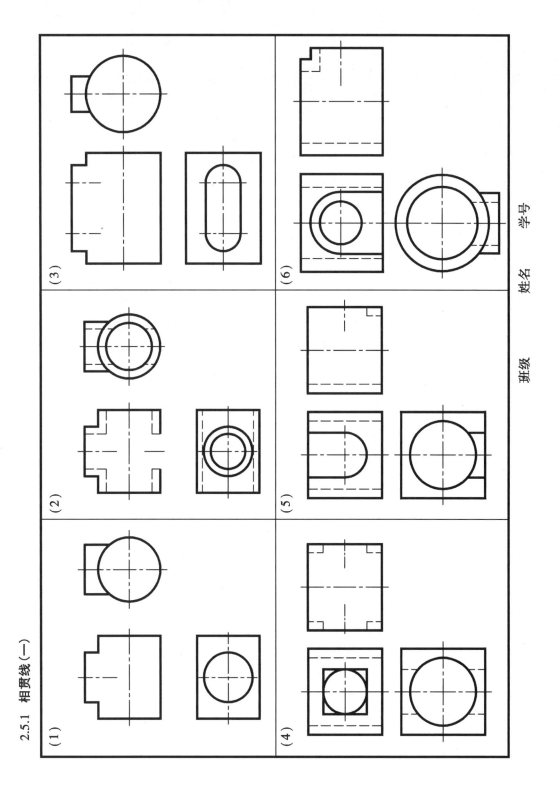

(1)　(2)　(3)

(4)　(5)　(6)

班级　姓名　学号

194

2.5.1 相贯线 (二)

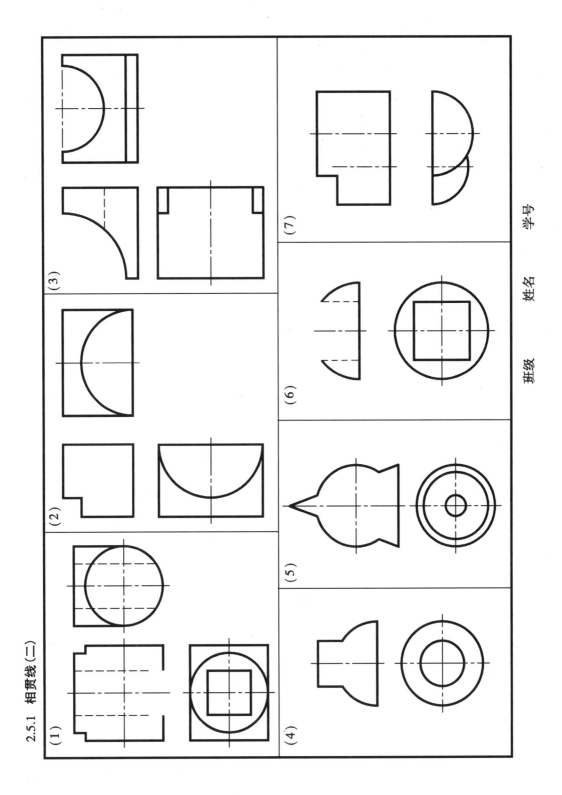

(1)　(2)　(3)

(4)　(5)　(6)　(7)

班级　　姓名　　学号

195

2.6.1 在视图中补画缺漏的图线

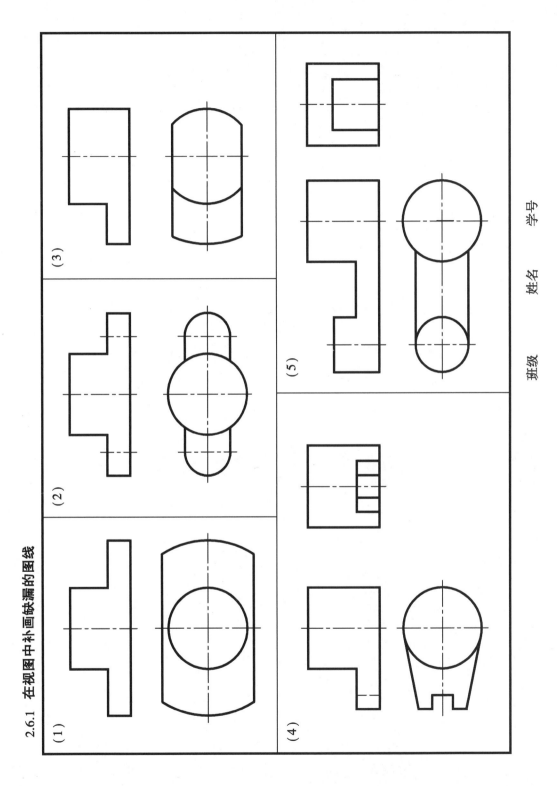

班级　　　姓名　　　学号

196

2.6.2 画组合体三视图及尺寸标注（一）

按轴测图所示的组合体顺序画组合体的三视图，标注尺寸(尺寸数值直接从轴测图量取)。

班级 _____ 姓名 _____ 学号 _____

197

2.6.2 画组合体三视图及尺寸标注（二）

按轴测图所示的组合体顺序画组合体的三视图，标注尺寸（尺寸数值直接从轴测图量取）。

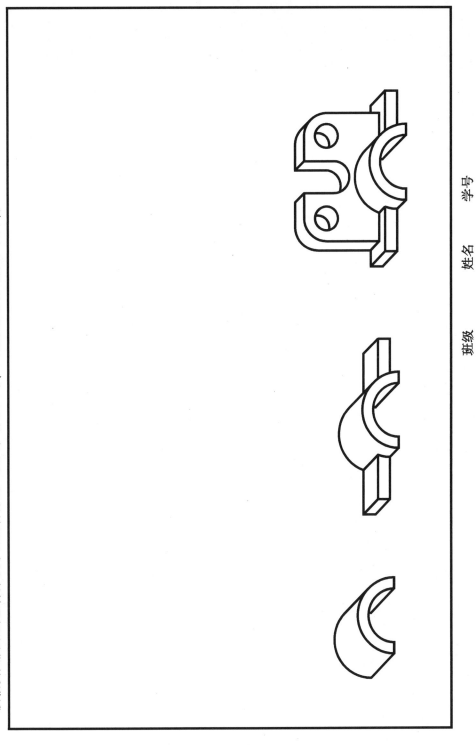

班级　　　　　　　　姓名　　　　　　　　学号

2.6.2 画组合体三视图及尺寸标注（三）

根据轴测图画组合体的三视图(1:1)，标注尺寸(尺寸直接从轴测图上量取)。

(1)

(2)

班级   姓名   学号

2.6.2 画组合体三视图及尺寸标注(四)

根据组合体视图，在指定处画出形体 I，II 的三视图。

(1)	形体 I	形体 II
(2)	形体 I	形体 II

班级　　　　姓名　　　　学号

2.6.3 补画组合体的第三视图（一）

(1)

(2)

(3)

(4)

(5)

(6)

班级　　　　姓名　　学号

201

2.6.3 补画组合体的第三视图（二）

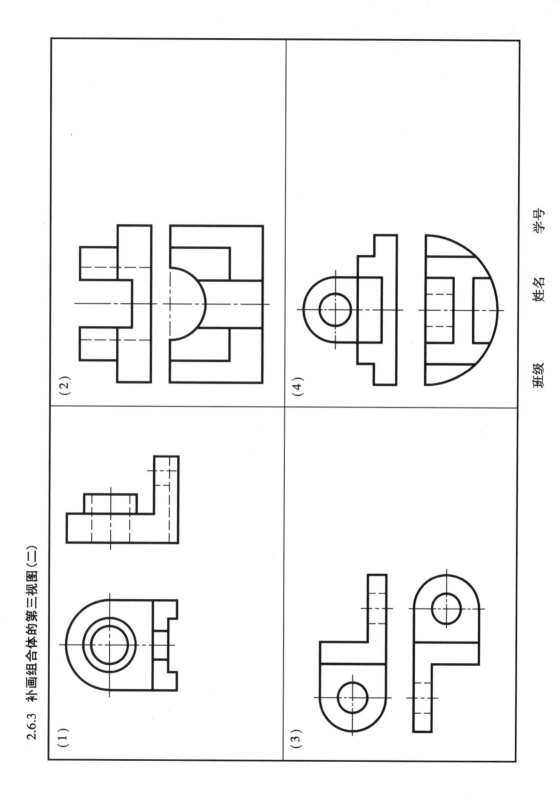

2.6.3 补画组合体的第三视图（三）

(1)

(2)

(3)

(4)

班级　　　姓名　　学号

203

2.7.1 视图（一）

补画右、后、仰视图（不画虚线）。

班级　　姓名　　学号

2.7.1 视图 (二)
补画局部视图和A向斜视图

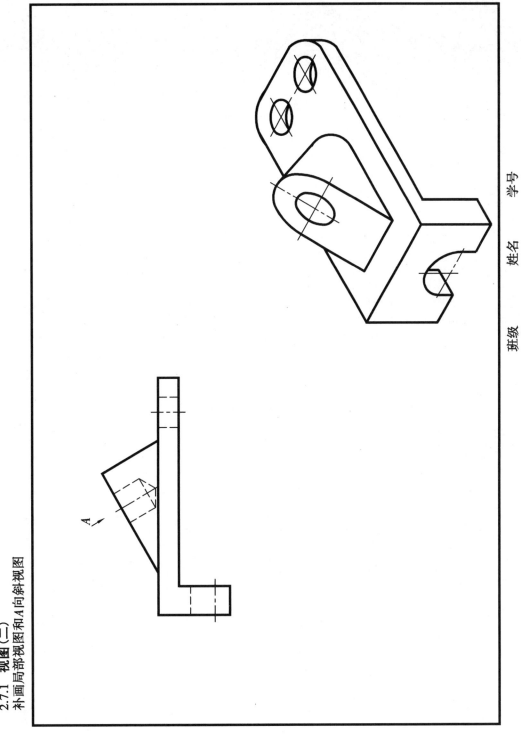

班级　　姓名　　学号

205

2.7.2 剖视图（一） 在剖视图中补画缺漏的图线

(1)

(2)

(3)

2.7.2 剖视图(二) 将主观视图改画成全剖视图

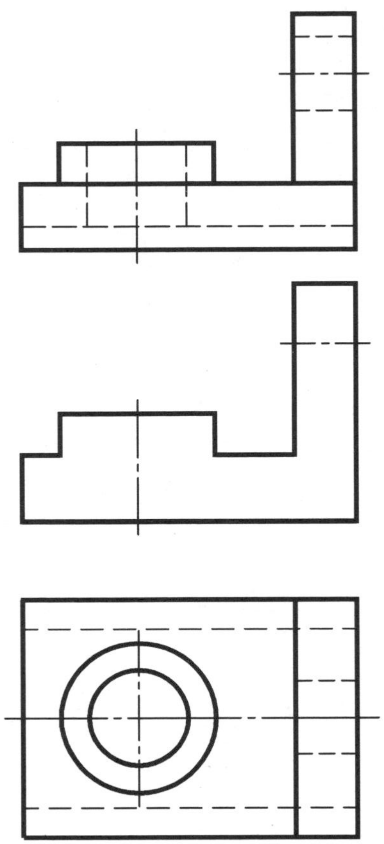

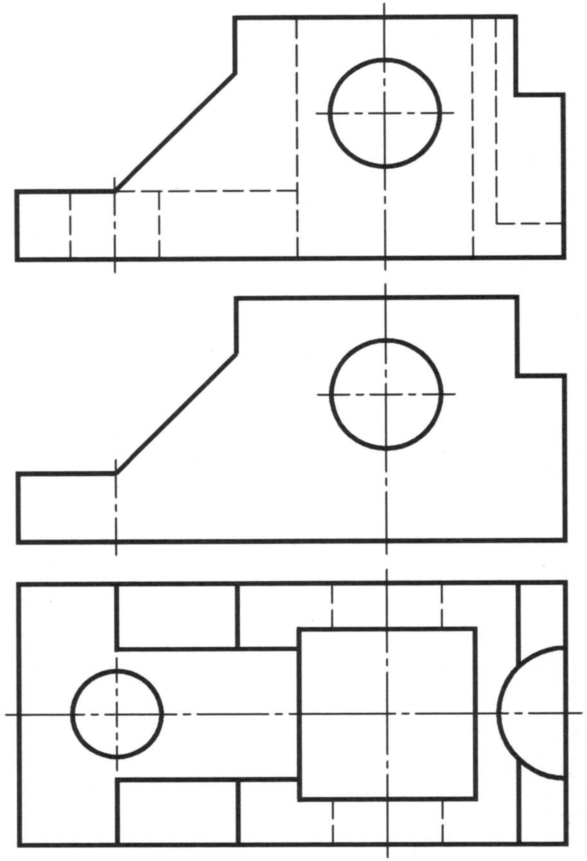

207

2.7.2 **剖视图（三）** 将机件的主视图画成全剖视图，并补画A—A全剖视图。

A—A

A—A

班级　　　　　姓名　　　　　学号

208

2.7.2 剖视图(四) 半剖视图

（1）将主视图画成半剖视图。

（2）将主视图画成A—A半剖视图，并完成全剖左视图。

A—A

A—A

班级　　　姓名　　　学号

2.7.2 剖视图（五） 局部剖视图

(1) 将主、俯视图画成局部剖视图。

(2) 将主视图画成局部剖视图。

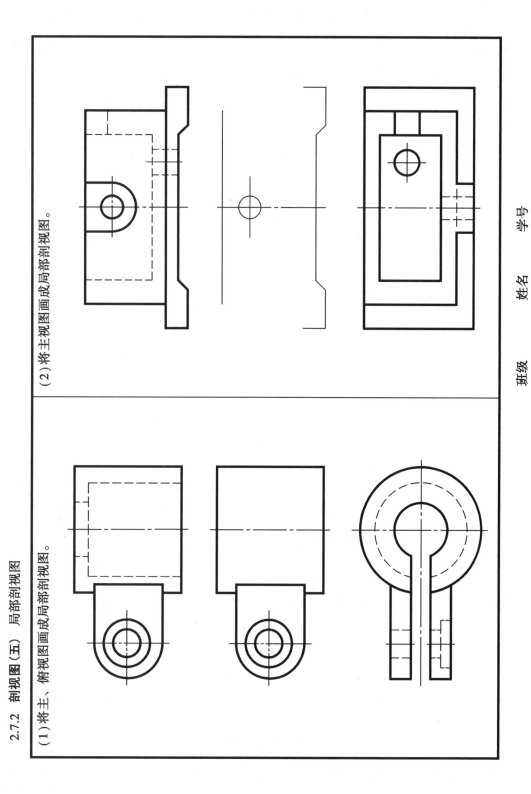

班级　　　姓名　　　学号

210

2.7.2 剖视图（六） 补画A—A剖视图

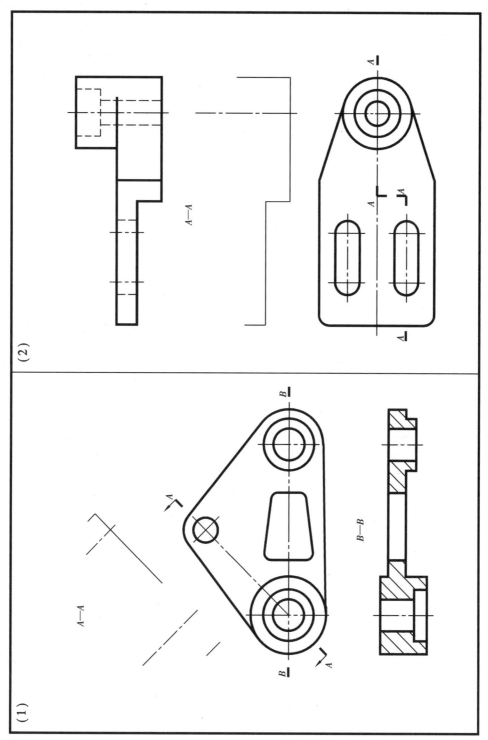

(2)

(1)

班级　　　姓名　　　学号

211

2.7.2 剖视图（七） 补画A—A剖视图

(1)

A—A

(2)

A—A

班级　　　姓名　　　学号

212

2.7.2 剖视图（八） 读剖视图

（1）补全半剖主视图。

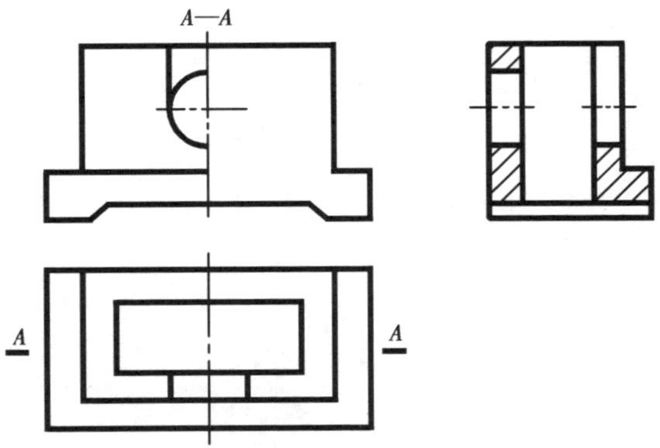

（2）补全半剖俯视图。

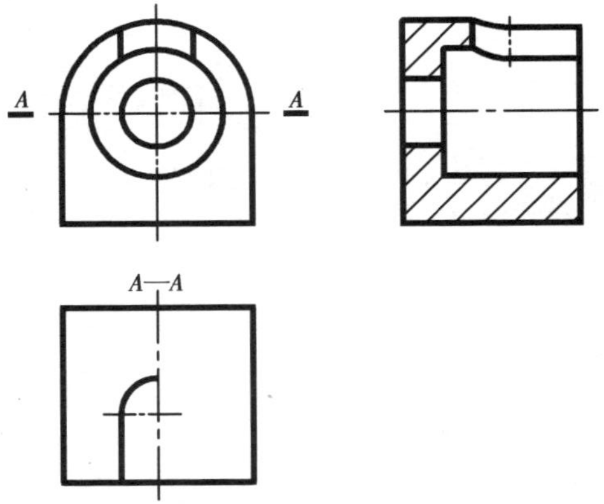

（3）补全半剖左视图。

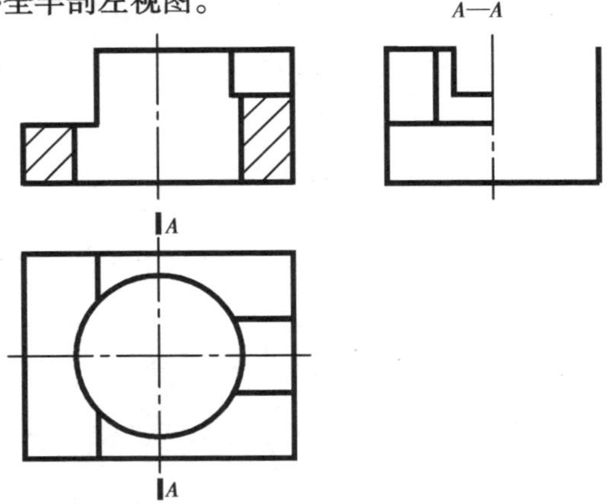

（4）在半剖左视图中补画外形视图。

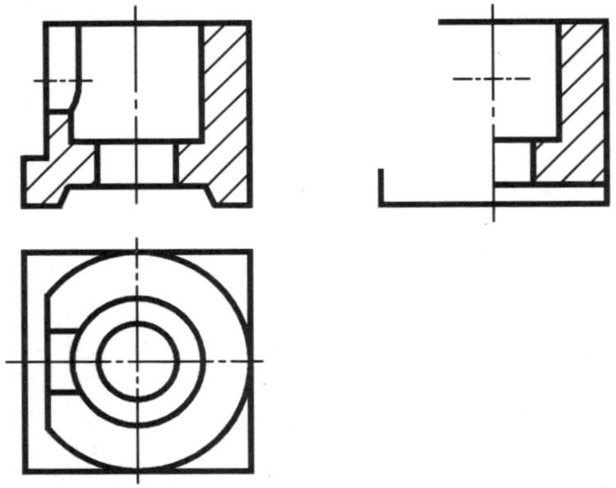

班级　　　　姓名　　　　学号

213

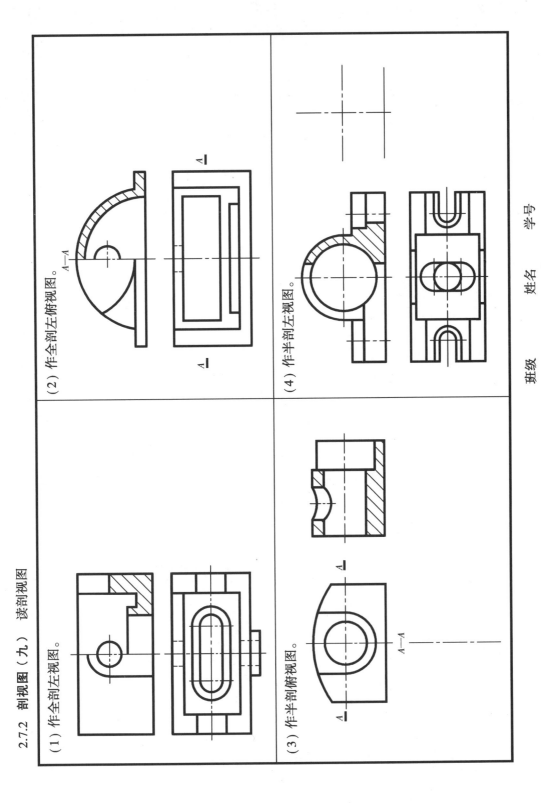

2.7.2 剖视图（九） 读剖视图

（1）作全剖左视图。

（2）作全剖左俯视图。

（3）作半剖俯视图。

（4）作半剖左视图。

班级　　　姓名　　　学号

214

2.7.3 断面图

(1) 在指定处补画断面图。

(2) 完成机件的全剖左视图。

(3) 按简化画法补全全剖主视图。
（肋板高度自定）

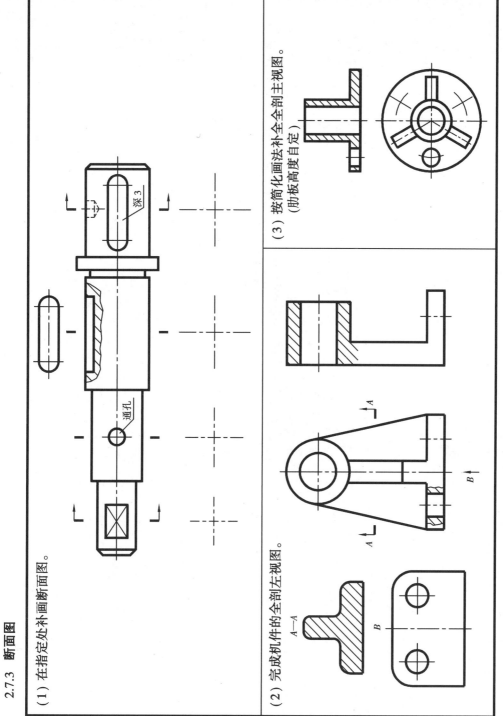

班级　　　　姓名　　学号

215

3.1.1 螺纹（一）螺纹画法

（1）分析螺纹画法中的错误，在指定处画出正确的图形。

（2）画出圆管的断面图。

（3）分析螺纹连接画法中的错误，画出正确的图形；并完成 A—A 断面图。

A—A

班级　　　　姓名　　　　学号

216

3.1.1 螺纹 (二) 螺纹代号、螺纹连接件

(1) 将下列螺纹代号的意义，填写在表格中。

项目\代号	螺纹种类	大 径	螺 距	旋 向	公差带代号	
					中 径	顶 径
M24—5g6g						
M16×1LH—7H						
G1$\frac{1}{2}$—LH						
Tr36×(p6)—7H						

(2) 查表：填写螺栓、螺母、垫圈图的尺寸，并写出规定标记。

六角螺栓:大径d=20,螺杆长80。

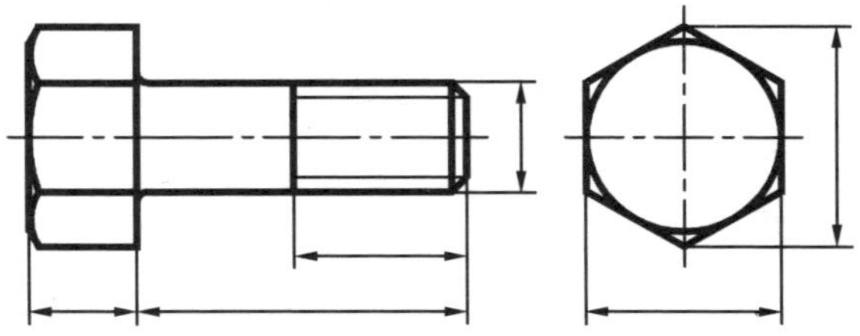

标记:＿＿＿＿

六角螺母:大径d=20。

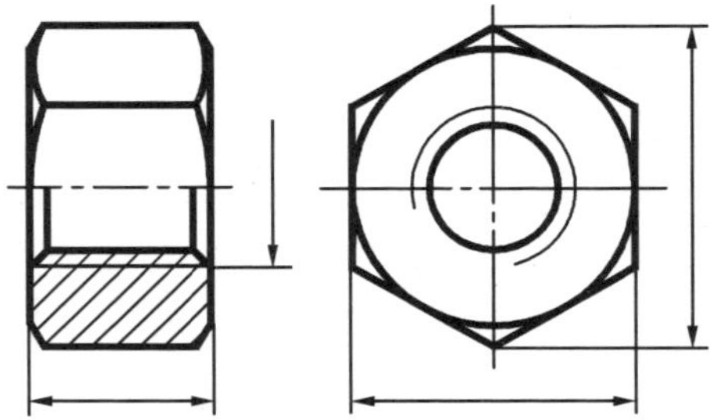

标记:＿＿＿＿

垫圈:公称直径=20

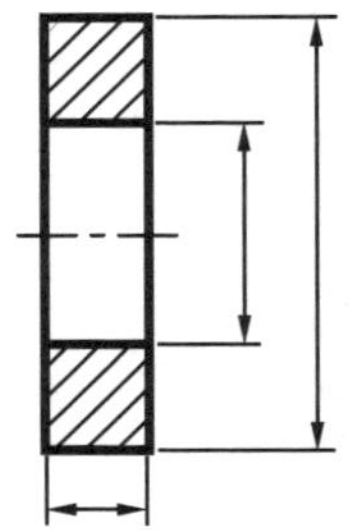

标记:＿＿＿＿

班级　　　　姓名　　　　学号

217

3.1.1 螺纹（三） 完成下列螺纹连接件的连接图

(1) 六角螺栓连接图。

(2) 双头螺柱连接图。

(3) 螺钉连接图。

班级　　　　　　姓名　　　　　　学号

218

3.1.2 齿轮 补全齿轮啮合图

均布
4×φ8

班级　　姓名　　学号

219

3.1.3 键与销

（1）根据已知条件补全键连接的断面图。

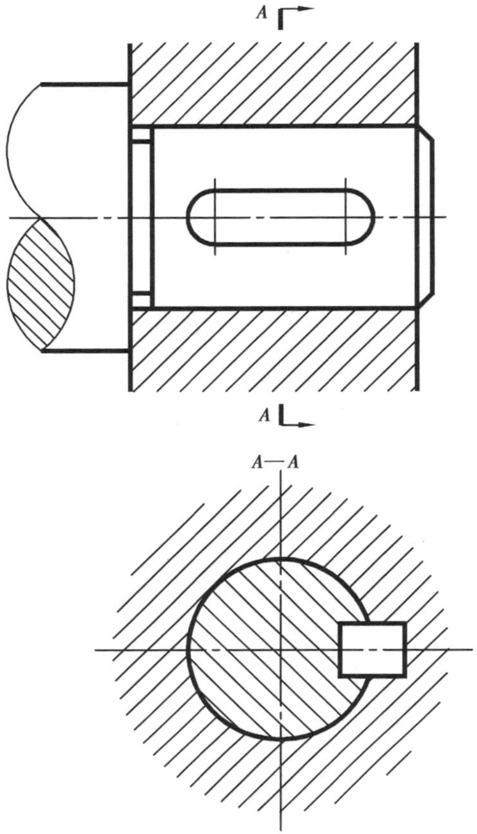

A—A

（2）查表写出圆柱销的标记，并完成销连接的剖视图。

标记：_____

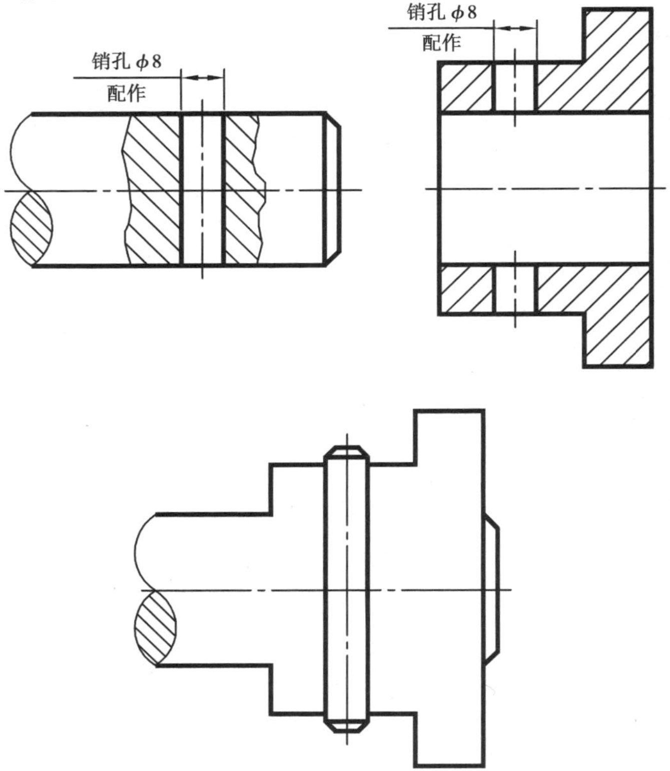

销孔 φ8
配作

销孔 φ8
配作

班级   姓名   学号

220

3.2.1 零件的技术要求（一）　极限与配合

(1) 说明下列零件尺寸中的字母和数字的意义。

$\phi 26 m6$：其中 m6 是　　　的　　　代号，m 是
　　　符号，6 是　　　等级。

$\phi 26 H7$：其中 H7 是　　　的　　　代号，H 是
　　　符号，7 是　　　等级。

$\phi 26_{-0.013}^{0}$：其中 $\phi 26$ 是轴的　　　尺寸，上偏差
是　　　，下偏差是　　　。

(2) 将尺寸 $\phi 20K7$、$\phi 20h6$、$\phi 20_{-0.013}^{0}$ 标注在零件图上。

(3) 根据装配图中的配合代号，在零件图的基本尺寸后面标注孔、轴的极限偏差值。

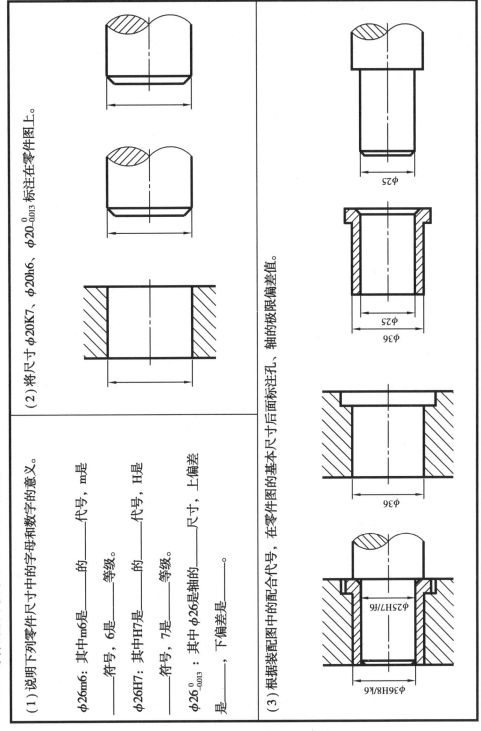

$\phi 25H7/f6$

$\phi 36H8/k6$

$\phi 36$

$\phi 36$

$\phi 25$

$\phi 25$

班级　　　　姓名　　　　学号

221

3.2.1 零件的技术要求（二） 说明形位公差的意义

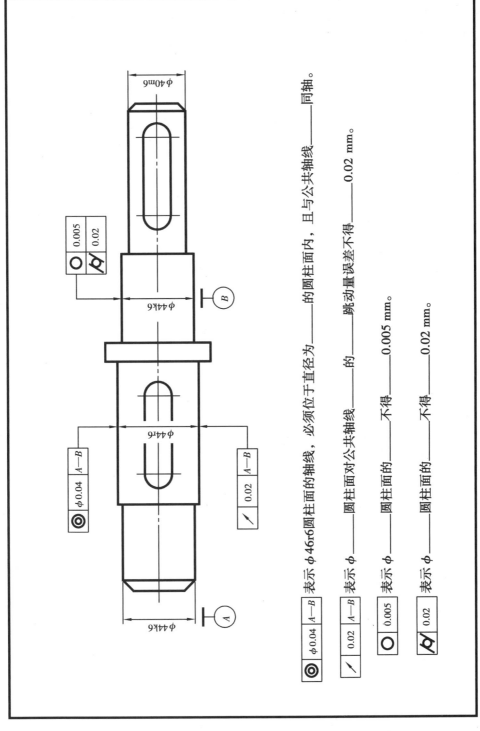

$\bigodot$ $\phi0.04$ $A-B$ ——表示$\phi46r6$圆柱面的轴线，必须位于直径为 ————的圆柱面内，且与公共轴线 ————同轴。

$\nearrow$ 0.02 $A-B$ ——表示ϕ ————圆柱面对公共轴线 ————的 ————跳动量误差不得 ————0.02 mm。

$\bigcirc$ 0.005 ——表示ϕ ————圆柱面的 ————不得 ————0.005 mm。

$\boxed{\cancel{O}}$ 0.02 ——表示ϕ ————圆柱面的 ————不得 ————0.02 mm。

班级 姓名 学号

222

3.2.1 零件的技术要求（三）表面粗糙度

1.将表面粗糙度代号标注在指定的齿轮表面上。
(1) 轮齿工作面和轴孔为 $\overset{6.3}{\bigtriangledown}$。(2) 齿轮两端面及倒角为 $\overset{12.5}{\bigtriangledown}$。
(3) 键槽两侧面为 $\overset{6.3}{\bigtriangledown}$，顶面为 $\overset{12.5}{\bigtriangledown}$。(4) 其余表面要求不去除材料。

2.指出表面粗糙度标注中的错误，并将正确的标注在下图中。

班级　　　　　姓名　　　　　学号

223

3.3.1 读零件图（一）

1.读懂轴的零件图，并回答下页中的问题。

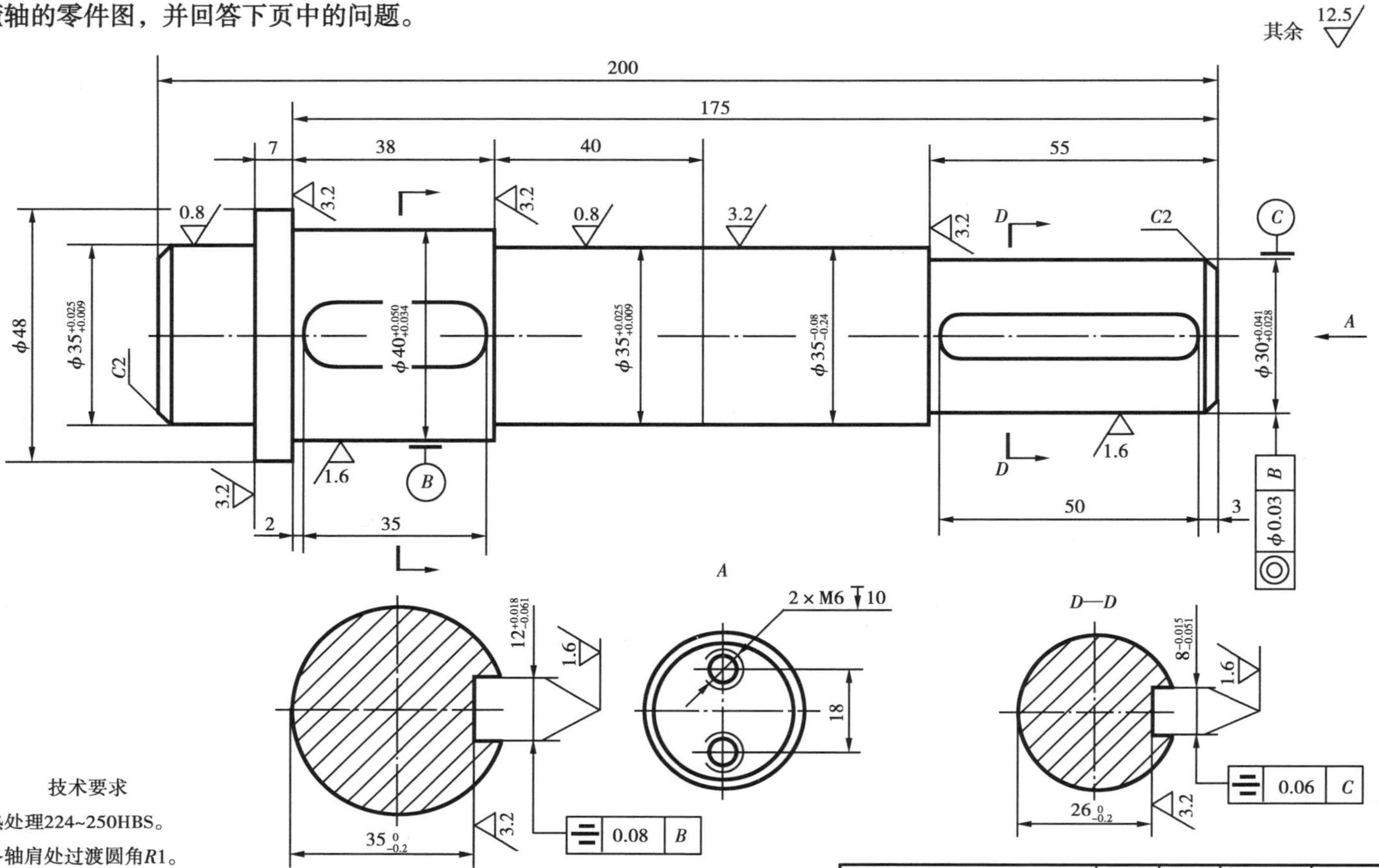

技术要求

1.热处理224~250HBS。

2.各轴肩处过渡圆角R1。

其余 $\sqrt{\dfrac{12.5}{}}$

比例	数量	材料	
1:1	1	45	(图号)
制图	(日期)	轴	班级
审核	(日期)		姓名 学号
	(校名)		

3.3.1 读零件图（二）

读零件图回答以下问题：

（1）零件名称：＿＿＿＿，材料：＿＿＿＿，比例：＿＿＿＿。

（2）轴用＿＿＿个视图表示，各视图的名称及剖切方法是：＿＿＿＿＿＿＿＿＿＿＿＿＿＿＿＿＿＿＿＿。

（3）轴上两个键槽的宽度分别为＿＿＿及＿＿＿，深度分别为＿＿＿及＿＿＿，长度方向的定位尺寸为＿＿＿及＿＿＿。

（4）尺寸 $\phi 35^{+0.025}_{+0.009}$ 的最大极限尺寸为＿＿＿＿，最小极限尺寸为＿＿＿＿，公差为＿＿＿＿。

（5）在轴的加工表面中，要求最高的表面粗糙度代号为＿＿＿＿，这种表面有＿＿＿＿处。

（6）图中有＿＿＿处形位公差代号，解释框图 ⌀ | 0.08 | B 的含义：被测要素是＿＿＿＿，基准要素是＿＿＿＿，

公差项目是＿＿＿＿，公差值是＿＿＿＿。

班级　　　　姓名　　　　学号

225

2.读懂法兰盘的零件图，并补画其K向视图，然后回答下页中的问题。

其余 $\sqrt{\frac{25}{}}$

$3 \times \phi 11$
$\sqcup \phi 17 \mp 10$
R2
R2
$\phi 74$
$\phi 65H11$
$3 \times \phi 66$
3.2
R2
45
20
20
$\boxed{\perp | 0.02 | B}$
12.5
3.2
A
2×0.5
C2
C2.5
3.2
B
$\phi 32H7$
$6.5^{0}_{-0.1}$
$\boxed{\perp | 0.02 | B}$
$\boxed{// | 0.02 | A}$
3.2
$\boxed{\phi 0.04 | B}$
$\phi 75K7$
K

$45°$
R33
$\phi 95$
55
$\phi 120$

法兰盘		比例	数量	材料	
		1:1	1	HT150	(图号)
制图	(日期)				
校核	(日期)		(校名)		

班级　　　　　　　　　学号　　　　　　　　　姓名

226

3.3.1 读零件图 (四)

读零件图回答以下问题：

(1) 零件名称：————，材料：————，比例：————。

(2) 法兰盘用————个视图表示，哪一个是主视图，为什么？
——

(3) 在图上用指引线指出零件长度和高度方向尺寸的主要基准。

(4) 图中有————处公差带代号，尺寸 $\phi32H7$ 的含义为
——，

(5) 图中尺寸 $3 \times \phi11$ $\sqcup\phi17\mathbf{\bar{\mathsf{T}}}10$ 表示
——。

沉孔的定位尺寸为————————————————。

(6) 法兰盘左端面的表面粗糙度代号为————，右端面的表面粗糙度代号为————，要求最低的表面粗糙度代号为————。

(7) 图中有————处形位公差代号，解释框格 $\boxed{\bigodot \left| \phi0.04 \right| B}$ 的含义：被测要素是————，公差项目————，公差值————。

基准要素是————————————。

班级   姓名   学号

227

3.3.1 读零件图（五）

3.读懂托脚零件图，并补画其左视图，然后回答下页中的问题。

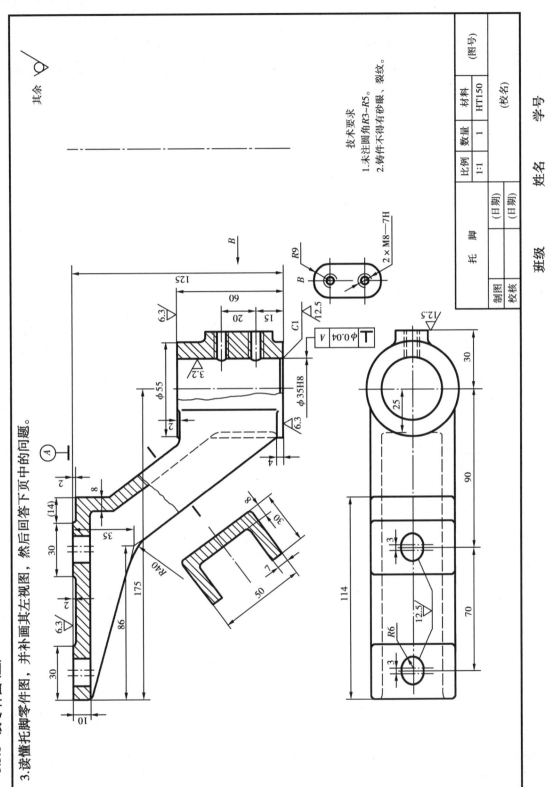

技术要求
1.未注圆角R3~R5。
2.铸件不得有砂眼、裂纹。

托 脚				比例	数量	材料
				1:1	1	HT150
制图		（日期）				
校核		（日期）			（校名）	（图号）

班级　　　姓名　　学号

228

3.3.1 读零件图（六）

读零件图回答以下问题：

（1）零件名称：————，材料：————，比例：————。

（2）托脚用————个视图表示，各视图的名称及剖切方法是————————————————。

（3）在图上用指引线指出零件长、宽、高方向尺寸的主要基准。

（4）托脚顶部两个腰圆形孔的定位尺寸是————————————————。

（5）托脚的加工表面中，要求最光洁的表面其粗糙度代号为————，"其余 ⚬⁄" 表示————————————————。

（6）$\phi 35H8$ 的含义为————————————————。

（7）图中有————处形位公差代号，解释框格 ⊥ | $\phi 0.04$ | A 的含义：被测要素是————————————，公差项目是————，基准要素是————————，公差值是————。

3.3.1 读零件图(七)

4.读懂泵体的零件图,并补画其右视图,然后回答下页中的问题。

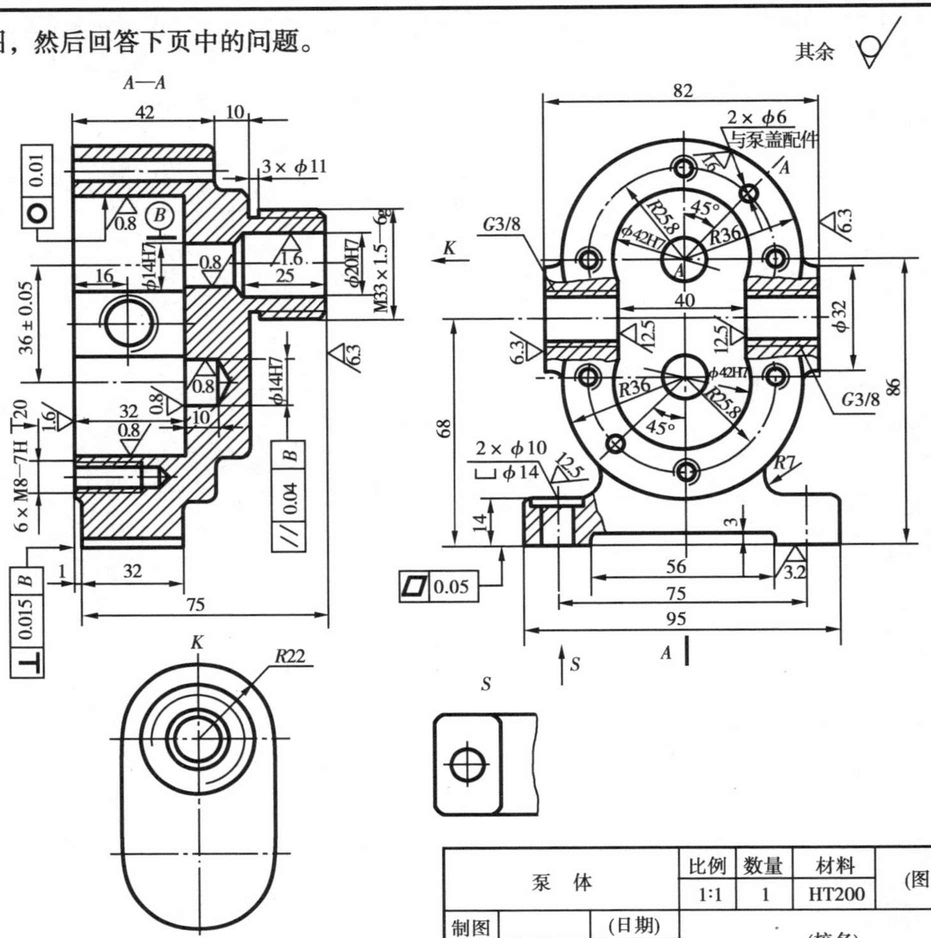

技术要求

1.未注圆角R5。
2.未注倒角C1。
3.铸件不得有砂眼、气孔。

制图		(日期)	比例	数量	材料	(图号)
校核		(日期)	1:1	1	HT200	
泵 体			(校名)			

班级   姓名   学号

230

3.3.1 读零件图（八）

读零件图回答以下问题：

（1）零件名称：_____，材料：_____，比例：_____。

（2）泵体用_____个视图表示，各视图的名称及剖切方法是_____
_____。

（3）G3/8是_____螺纹，3/8是螺纹的_____，螺纹的旋向为_____，螺纹大径为_____mm。

（4）螺孔尺寸"6×M8－H7▽20"中的6表示_____，M8表示_____，7H表示_____，
▽20表示_____。

（5）在图上用指引线指出该零件长、宽、高方向尺寸的主要基准。

（6）φ14H7的含义为_____。

（7）销孔2×φ14H7的定位尺寸是_____。

（8）泵体的加工表面上，要求最高的表面粗糙度代号为_____。

（9）图中有_____处形位公差代号，解释框格 [// | 0.04 | B] 的含义：被测要素是_____，公差项目_____，
基准要素是_____，公差值是_____。

3.4.1 读装配图（一） 读旋阀装配图，并拆画件2的零件图(画在右方)。

6	螺钉M10×40	2			GB/T 5783—2000
5	垫圈10	1			GB/T 97.1—1985
4	阀杆	1	35		
3	填料	1	石棉绳		
2	填料压盖	1	35		
1	阀体	1	35		
序号	名 称	数量	材 料		备 注
	旋 阀		比例 1:1		共7条
			质量		第1条 7-01
制图					
设计					
审核					
班级		姓名		学号	

232

3.4.1 读装配图（二）读钻模装配图，并拆画件 2 的零件图（画在右方）。

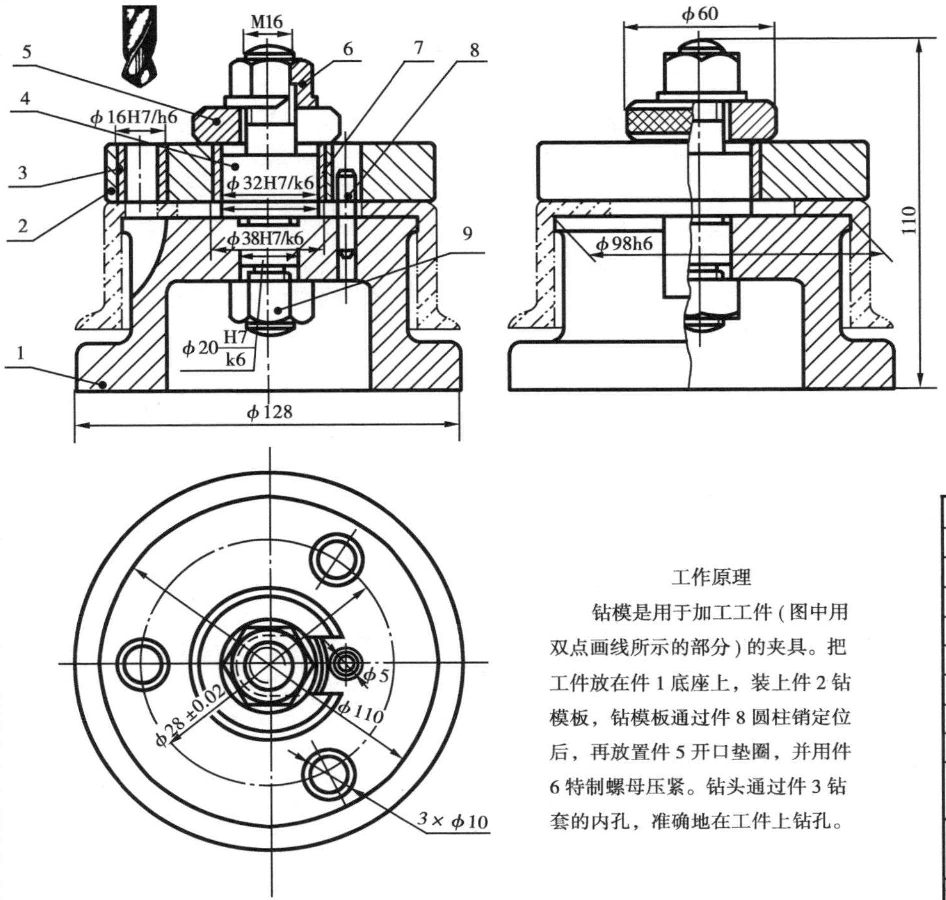

工作原理

钻模是用于加工工件（图中用双点画线所示的部分）的夹具。把工件放在件 1 底座上，装上件 2 钻模板，钻模板通过件 8 圆柱销定位后，再放置件 5 开口垫圈，并用件 6 特制螺母压紧。钻头通过件 3 钻套的内孔，准确地在工件上钻孔。

9	螺母 M16	1		GB/T6170—1986
8	销 5×30	1		GB/T119.1—2000
7	衬套	1	45	
6	特制螺母	1	35	
5	开口垫圈	1	45	
4	轴	1	45	
3	钻套	3	T8	
2	钻模板	1	45	
1	底座	1	HT150	
序号	名　称	数量	材　料	备　注
		比例	1:1	共 10 条
		质量		第 1 条
制图				7-01
设计			班级	姓名
审核				学号

钻模

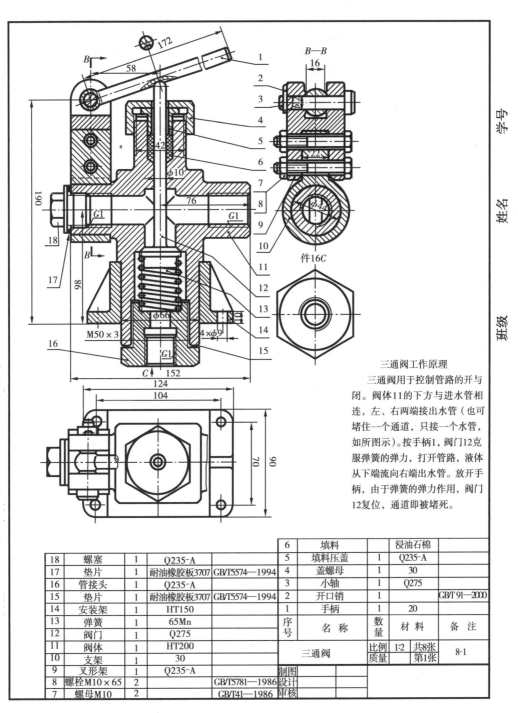

三通阀工作原理

三通阀用于控制管路的开与闭。阀体11的下方与进水管相连，左、右两端接出水管（也可堵住一个通道，只接一个水管，如所图示）。按手柄1，阀门12克服弹簧的弹力，打开管路，液体从下端流向右端出水管。放开手柄，由于弹簧的弹力作用，阀门12复位，通道即被堵死。

18	螺塞	1	Q235-A	
17	垫片	1	耐油橡胶板3707	GB/T5574—1994
16	管接头	1	Q235-A	
15	垫片	1	耐油橡胶板3707	GB/T5574—1994
14	安装架	1	HT150	
13	弹簧	1	65Mn	
12	阀门	1	Q275	
11	阀体	1	HT200	
10	支架	1	30	
9	叉形架	1	Q235-A	
8	螺栓M10×65	2		GB/T5781—1986
7	螺母M10	2		GB/T41—1986

6	填料		浸油石棉	
5	填料压盖	1	Q235-A	
4	盖螺母	1	30	
3	小轴	1	Q275	
2	开口销	1		GB/T 91—2000
1	手柄	1	20	
序号	名　称	数量	材　料	备　注

三通阀	比例 1:2	共8张	8-1
	质量	第1张	

制图

设计

审核

学号　　姓名　　班级

234

（1）画漏斗展开图(只画对称的一半)。

（2）画等径直角弯管的展开图(只画其中一节)。

4.1.1 展开图（一）

235

(3)画正圆锥管的展开图。

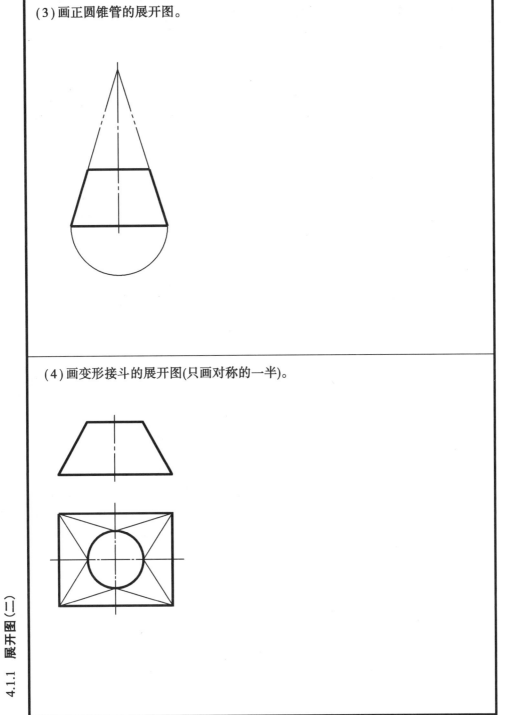

(4)画变形接斗的展开图(只画对称的一半)。

4.2.1 焊接图

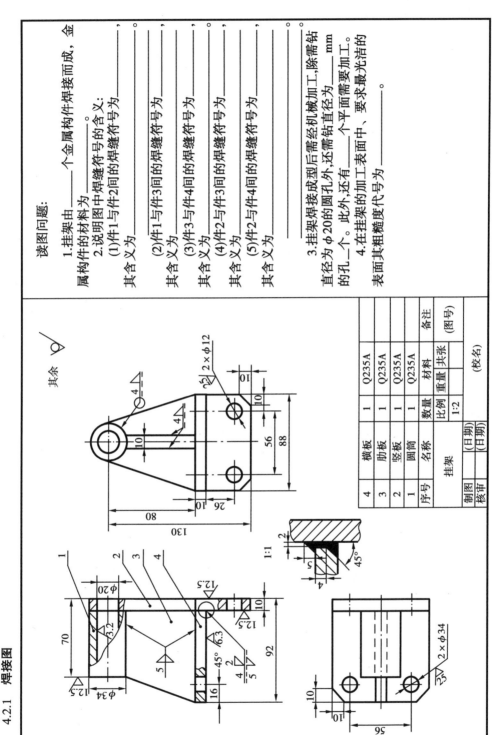

读图问题：

1.挂架由_____个金属构件焊接而成，金属构件的材料为_____。

2.说明图中焊缝符号的含义：

(1)件1与件2间的焊缝符号为_____，其含义为_____。

(2)件1与件3间的焊缝符号为_____，其含义为_____。

(3)件3与件4间的焊缝符号为_____，其含义为_____。

(4)件2与件3间的焊缝符号为_____，其含义为_____。

(5)件2与件4间的焊缝符号为_____，其含义为_____。

3.挂架焊接成型后需经机械加工,除需钻直径为 φ20 的圆孔外,还需钻直径为_____ mm 的孔_____个。此外,还有_____个平面需要加工。

4.在挂架的加工表面中、要求最光洁的表面其粗糙度代号为_____。

4	横板	1	Q235A	
3	肋板	1	Q235A	
2	竖板	1	Q235A	
1	圆筒	1	Q235A	
序号	名称	数量	材料	备注
挂架		比例	重量	共张
		1:2		(图号)
制图	(日期)		(校名)	
核审	(日期)			

班级_____ 姓名_____ 学号_____

237

4.3.1 建筑图

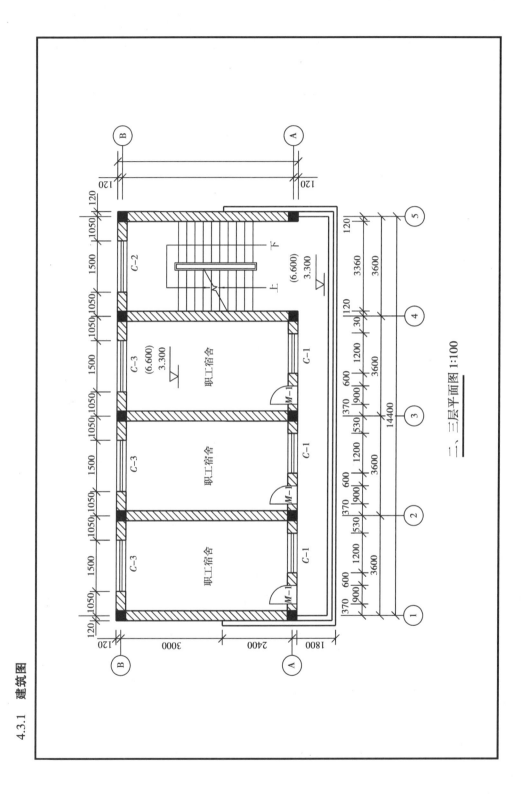

二、三层平面图 1:100

238

主要参考文献

1 金大鹰主编．机械制图．非机类专业用．北京:机械工业出版社,2002

2 中国机械工业教育协会组编．工程制图．非机类专业用．北京:机械工业出版社,2001

3 祖业发等编．工程制图．非机类专业用．重庆:重庆大学出版社,2001

4 毛之颖主编．机械制图．非机类专业用．北京:高等教育出版社,2001